基礎物理化学演習

田中勝久・齋藤勝裕 著

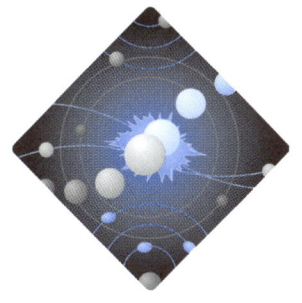

東京化学同人

まえがき

　物理化学は化学の基礎的分野のみならず，生物学，農学，薬学，医学など化学が応用される領域においても重要な位置を占める学問である．物理化学の教科書ならびに演習書は，翻訳された海外の専門書を含め，すでにすぐれた著書が多く出版されている．一般の物理化学の教科書・専門書では物理学の理論に立脚して基礎的事項を厳密に解説しており，そのような内容に応じた演習書も著されているが，大学の1年生など初学者が学習するには難解なものも少なくない．一方で，理解しやすさに配慮して執筆された教科書・専門書も少なからず見られる．本書は，そのようなやさしく解説された教科書を参考に，演習を通じて物理化学の基礎を理解できるようにまとめたもので，内容と構成は特に「物理化学（わかる化学シリーズ2）」（齋藤勝裕著，東京化学同人）に準じている．章立てと題目は少し異なっているものの，物理化学の重要な領域である量子化学，熱力学，化学反応速度論と，物質の相変化ならびに溶液の化学を対象としている点では同じ考え方に立っている．

　一方で，本書で取扱っている事項には「物理化学（わかる化学シリーズ2）」と比べるとややハイレベルなものが含まれている．しかし，それらは一般的な物理化学の専門書では必ず記述されている事項であり，同時に例題などで取上げられている基本的な内容であるから，物理化学の基礎を理解するうえでは学んでおくことが望ましいものばかりである．一部の例題や練習問題の問題文が長く，難しそうな印象を受けるかもしれないが，これは問題文を通じて一つの事項を詳細に解説しているからであり，それを読んで内容が理解できれば解答を得ることはそれほど困難ではないはずである．また，式の展開も丁寧に行っているので，問題文に沿って計算をすれば自然と解答を導くことができる．

　そのほか本書の特徴として，身近な現象を具体例として取上げ，抽象的と捉えられがちな物理化学の印象を変えるように努めた．また，場合によっては大胆な比喩を用いて理解を助ける工夫をした．さらに，はじめに述べた生物科学的な分野への応用を意識して作成した問題もある．

　本書がはじめて物理化学を学ぶ人たちにとって少しでも役に立てば幸いである．最後に，本書の執筆に際して東京化学同人の山田豊氏には大変お世話になった．心より感謝申し上げる．

2009年5月

著　者

目　　次

1. 量子力学と原子の構造　　1
例題：量子力学の考え方　　プランクの量子仮説と光電効果　　水素原子のスペクトル　　波動と粒子の二重性　　不確定性原理　　シュレーディンガー方程式の意味　　一次元のシュレーディンガー方程式を解く　　原子の構造と原子軌道　　原子やイオンの電子配置　　元素の周期的な性質

練習問題　　20

2. 化学結合と分子の構造　　27
例題：さまざまな化学結合　　電気双極子と化学結合　　混成軌道　　混成軌道と分子の形　　原子軌道と分子軌道　　等核二原子分子の分子軌道　　異核二原子分子の分子軌道　　金属結合とバンド構造

練習問題　　41

3. 物質の状態　　49
例題：状態図と相変化　　液体の性質と蒸気圧曲線　　気体の性質　　気体の分子運動論　　気体から液体への相転移　　固体の構造と性質

練習問題　　61

4. 化学熱力学　　65
例題：系とエネルギー　　内部エネルギーとエンタルピー　　さまざまな現象におけるエンタルピー変化　　ヘスの法則　　熱容量　　エントロピー　　統計力学とエントロピー　　自発的な反応　　ギブズの自由エネルギー　　化学平衡　　ル・シャトリエの法則　　自由エネルギーと平衡状態

練習問題　　88

5. 化学反応速度論 ·· 93
例題：1次反応の特徴　　1次反応の解析　　2次反応　　半減期　　逐次反応　　遷移状態と活性化エネルギー　　反応速度とアレニウスの式　　アレニウスの式による解析
練習問題 ·· 107

6. 溶液の化学 ·· 111
例題：理想溶液と希薄溶液　　蒸気圧曲線と沸点上昇　　浸透圧　　イオン結晶の溶液　　酸塩基反応と平衡　　酸化還元反応
練習問題 ·· 123

練習問題の解答 ·· 126

 量子力学と原子の構造

　原子や分子のような微視的な粒子の運動やエネルギーを扱うには，古典力学ではなく**量子力学**の理論が必要となる．分子は原子が結合したものであり，原子は原子核と電子からできている．原子における電子の運動の状態やエネルギーは原子軌道という概念で記述される．

1. 不連続な物理量と量子化

　量子力学はプランクが量子仮説に基づいて黒体放射（発端となったのは製鉄用の溶鉱炉から発せられる光の色と温度の関係）を説明したことに始まる．すなわち，放射のエネルギーは古典力学で考えられていたような連続的に変化できる量ではなく，ある基本的な量の整数倍しか許されない（例題 1・2 参照）．

　光を粒子と考えた場合（これを光子という），エネルギーの基本量は光を電磁波と見なしたときの振動数に比例し，エネルギーとしてその整数倍の値だけが許される．原子における電子のエネルギーや角運動量も同様に不連続になる．これを物理量が**量子化**されたという．不連続なエネルギーや角運動量を規定する整数のパラメーターは**量子数**とよばれる．比喩的に説明すると，たとえば同じ水でも，水道水は連続量であり自分の好きな量を汲み取ることができるが，ペットボトル入りのミネラルウォーターは 2 L（あるいは 500 mL など決まった量）の単位でしか入手できない．量子化とは後者のような状態である．

連続量　　　量子化

2. 波動と粒子の二重性

　量子力学の目で原子や分子の世界を見たときに最も大切な概念の一つが**粒子の波動性**および**波の粒子性**であろう．すなわち，電子や光は粒子としての性質と波としての性質の両方をもつ．日常生活で扱うような質量の大きな物体では波長が短すぎて波の性質は現れない．それに対して原子や電子の世界では波の性質が強く現れる．化学は主に電子の動きを扱う学問であり，そこでは電子はもっぱら波として扱われ，その動きは**波動関数**という関数を使って表される．粒子を特徴づける物理量の一つである運動量と，波の性質の一つである波数（あるいは波長）とは，ド・ブローイの式により一定の関係で結ばれている．

粒　子	波
電子	電子波
光子	光，電磁波
運動量	波数，波長
エネルギー	振動数

3. 不確定性原理と存在確率

　微視的な世界では粒子の位置と運動量（速度）を同時に正確に決めることはできない．これを**ハイゼンベルグの不確定性原理**という．これも日常生活では考えられないことである．自動車を走らせていれば，ある時刻にどの場所を時速何キロで進んでいるのかは明らかで，目的地まであとどれくらいで到着できるかも見積もることができる．量子力学が成り立つ世界では，たとえば電子の存在する場所を正確に特定することはできなくなる．つまり，電子はおおよそこの辺りにいるであろうという予測しかできない．そこで，電子の**存在確率**を考えることが重要になる．これを視覚化して表す場合，存在確率の高いところは濃く，低いところは薄く色分けする．こうすると，原子内の電子は，ちょうど原子核を取巻く雲のように見える．そこで，これを"電子雲"という．

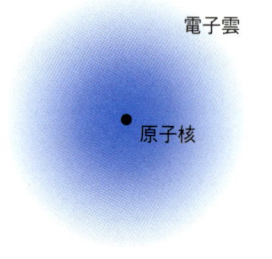

原子の構造

4. 原子の構造

　上記の通り，**原子は雲でできた球のようなもの**であり，雲のように見えるのは**電子**である．球の中心には雲の直径の1万分の1ほどの小さな**原子核**がある．原子核は**陽子**と**中性子**からできている．陽子は正電荷をもつが，中性子は電気的に中性である．原子核を構成する陽子の個数を**原子番号**，陽子と中性子の個数の和を**質量数**という．原子は原子番号に等しい個数の電子をもつ．

	名称	記号	電荷 (C)	質量 (kg)
原子	電子	e	-1.6021×10^{-19}	9.1093×10^{-31}
原子核	陽子	p	$+1.6021 \times 10^{-19}$	1.6726×10^{-27}
	中性子	n	0	1.6749×10^{-27}

5. 原子軌道

原子において電子は**電子殻**に入る.電子殻は原子核に近いほうから順にK殻, L殻, M殻と名前が付いている.各電子殻に入ることのできる電子の個数(定員)が決まっており, K殻が2個, L殻が8個, M殻が18個である.さらに各電子殻は**原子軌道**からできている.K殻は1s軌道から, L殻は2s軌道と2p軌道から, という具合に表に示したような原子軌道から構成されている.各原子軌道はそれぞれ特有の形をもっている.

電子殻	原子軌道	電子の数
K	1s	2
L	2s	2
	2p	6
M	3s	2
	3p	6
	3d	10

6. 電子配置

電子の各原子軌道への入り方を**電子配置**という.電子はエネルギーの低い原子軌道から順に入るが,一つの原子軌道には2個までしか入ることができず, 2個入るときにはスピン(古典的には自転方向に対応し,矢印で表す)が上向きと下向きの電子が対になる必要がある.K殻に2個, L殻に8個入った状態をそれぞれ**閉殻構造**といい,特別の安定性をもつ.そのため,原子は電子を放出したり,受け入れたりしてイオンになり,閉殻構造をとろうとする傾向がある.

7. 電子遷移

電子殻や原子軌道には特有のエネルギーがある.原子軌道に入った電子は別の原子軌道に移ることがある.このときにエネルギーの出入りが起こる.すなわち,エネルギーの低い原子軌道から高い原子軌道に移動するためには外部からエネルギーをもらわなければならない.反対にエネルギーの高い原子軌道から低い原子軌道に移動するときには外部へエネルギーを放出する.このような異なるエネルギー状態間での電子の移動は**電子遷移**とよばれる.

4　1. 量子力学と原子の構造

エネルギーの出入りが光（電磁波）である場合も多い．右図はその様子を表している．ν_1とν_2は光の振動数である．hは定数で，プランク定数とよばれ，量子力学では重要な量である（例題1・2参照）．

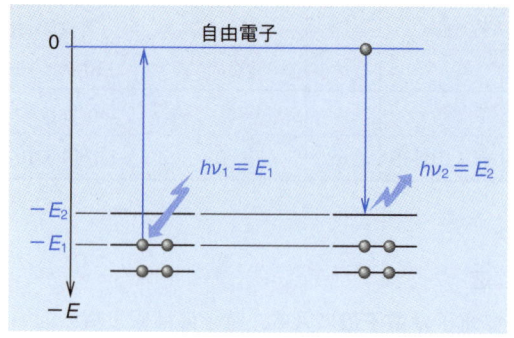

****

例題1・1　量子力学の考え方

つぎの文の空欄に適当な語句，数値，式を入れよ．

私たちの日常的な世界では，速度やエネルギーなどすべての物理量は ① 的に変化しうる．たとえば，vの速さで動いている物体に力を加えて一定時間の後に止めたとすれば，この間に速さはvから0まで ② 的に変化し，また，物体の質量がmであれば運動エネルギーは ③ から ④ まで ⑤ 的に変わる．このような巨視的な世界を記述するのが**古典力学**である．

一方，原子や分子のような微視的な世界では，すべての物理量が ⑥ であり，単位化されている．たとえば，水素原子において電子は原子核から ⑦ 力を受けながら運動しているが，電子のエネルギーは ⑧ 的に変わることが許されず，正の整数nによって決まる離散的な値のみをとる．具体的にエネルギーは，

$$E = -13.6\,\text{eV} \times \frac{1}{n^2}$$

と表されることが知られている（練習問題1・1参照）．したがって，水素原子の電子のエネルギーは，$n=1$のとき ⑨ eV，$n=2$のとき ⑩ eVなどとなって，両者の間の値はとりえない．つまり，微視的な世界では古典力学が破綻しており，それに代わってこの世界を記述するのが**量子力学**である．このように原子，分子の世界においてエネルギーが ⑪ な量のみをとることを，エネルギーが ⑫ されていると表現する．ま

た，エネルギーを決める正の整数 n は ⑬ とよばれる．

解答!

① 連続，② 連続，③ $(1/2)mv^2$，④ 0，⑤ 連続，⑥ 不連続，⑦ クーロン，⑧ 連続，⑨ -13.6，⑩ -3.4，⑪ 不連続，⑫ 量子化，⑬ 量子数

古典力学と量子力学の違いをふまえて量子力学の特徴を理解しよう（例題1・2も参照せよ）．また，量子力学が必要となる世界はどのようなものであるか認識しよう．原子や分子を扱う化学の世界では量子力学の考え方が重要になる．

****

例題 1・2　プランクの量子仮説と光電効果

a）量子力学はプランクによる黒体放射の考察に端を発する．たとえば，鉄を加熱すると低温では赤色，高温では白色に光るように，加熱している物体からの放射のエネルギーは振動数に依存し，両者の関係は温度によって変わる．実測される放射のエネルギーと振動数の関係は，極大値をもつ曲線となる（上図）．

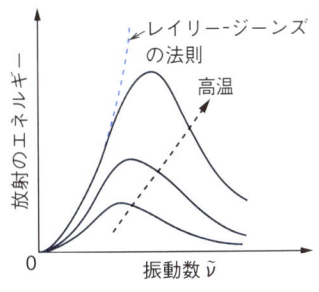

レイリーとジーンズは古典力学に基づいて放射のエネルギーと振動数の関係を導いた（図の破線の曲線）．この関係は，曲線が極大値をもたず，振動数が増えると放射のエネルギーが単調増加することを示している．彼らは振動数 ν の放射の励起には熱エネルギーが均等に分配されると考えた．単位体積当たりの放射を定在波で考えると，振動数が高い波ほど節は多くでき（下図の一次元の定在波を参照），決まった位置で振幅が変化する振動状態は多くなる．これらに均等に熱エネルギーが配られるため，振動数が高くなるほど放射のエネルギーは大きくなる．この理論は振動数の低い領域では実験とよく合うが，振動数の高い領域では合わない．

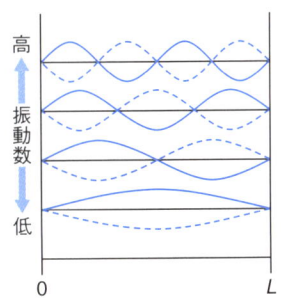

これに対してプランクは，振動数が ν の放射のエネルギーは $h\nu$ の整数倍の値しかとれないと仮定し，古典力学では解明できなかった黒体放射のエネルギーと振動数の関係を見事に説明した．放射のエネルギー E は，

$$E = nh\nu \quad (n = 0, 1, 2, \cdots)$$

で与えられる．h は**プランク定数**とよばれる．

プランクの量子仮説が実験結果を説明できる理由を，振動数の低い領域と高い領域に分けて古典力学と対比することにより，定性的に述べよ．

b）真空中で金属に光を照射すると，金属の表面から電子が放出される．この現象を**光電効果**といい，放出される電子を"光電子"とよぶ．ア

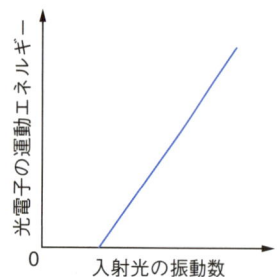

インシュタインはプランクの量子仮説を用いて光電効果を考察した．光電子の運動エネルギーは照射する光の振動数に依存し，両者には図のような関係が見られる．また，光電子の運動エネルギーは照射する光の強さによらない．これらの事実から，どのような結論が導けるか，簡単に説明せよ．

【解答】

a）プランクの理論では，振動数 ν の放射のエネルギーは連続的に変わることができず，小さいほうから順に $0, h\nu, 2h\nu, 3h\nu, \cdots$ といった不連続な値しか許されない．振動数が低く，熱エネルギーが $h\nu$ より十分大きくなる場合は，とびとびの状態の間隔（すなわち，$h\nu$）は相対的に小さく，振動数は連続的に変化していると見なしても差し支えない．よって，低振動数の領域では古典力学の結論が成り立つ．しかし，逆に振動数が高い場合，たとえば $h\nu$ が熱エネルギーを上回ると，振動数 ν の状態はほとんど励起されなくなり，放射エネルギーに寄与しなくなる．したがって，振動数が高くなるほど放射エネルギーは減少する．この理論的な結論は実験結果とよく一致する．

振動数が高くなると振動状態のエネルギーもそれに比例して大きくなり，古典力学では許された熱エネルギーの均等な分配が果たせなくなるわけである．これは，不連続な放射のエネルギーをつかさどる最小のエネルギー単位 $h\nu$ の存在のために起こる現象である．

b）光電子の質量と速さを m および v とし，入射光の振動数を ν とすれば，問題文中の図は，

$$\frac{1}{2}mv^2 = h\nu - W$$

であることを示している．すなわち，光のエネルギーは量子化されており，その大きさは光の振動数に比例する．電子は金属表面で束縛されており，照射された光のエネルギーを吸収することができる．もし，光のエネルギーが電子を束縛するエネルギー W より小さければ，電子は束縛に打ち勝つことができず，光電子として放出されることはない．しかし，光のエネルギーが電子を束縛するエネルギーを上回れば，両者のエネルギー差 $h\nu - W$ に相当する運動エネルギーをもった光電子が飛び出す．

問題文中のグラフは直線であり，原点を通らない．縦軸は運動エネルギーであるから $(1/2)mv^2$ と表され，これが振動数 ν に比例するから，比例定数を h とすれば右式となる．W は正で，$-W$ は縦軸との切片である．

固体表面で電子を束縛しているエネルギー W は "仕事関数" とよばれ，その値は固体の種類に依存する．

****

例題 1・3　水素原子のスペクトル

ガラス管に封入された水素ガスは放電により発光する．発光スペクトル

は幅の狭い不連続な線として観察される．1885 年にバルマーは可視域に現れる水素の発光スペクトルの波長 λ が次式で表されることを示した．

$$\frac{1}{\lambda} = R_H \left(\frac{1}{4} - \frac{1}{n^2} \right) \quad (n は 3 以上の整数) \qquad (1)$$

このバルマー系列の発見のあと，紫外域や赤外域にもライマン系列やパッシェン系列とよばれる同様のスペクトルが見いだされ（図参照），すべての領域の波長が，

$$\frac{1}{\lambda} = R_H \left(\frac{1}{m^2} - \frac{1}{n^2} \right) \quad (n > m \geq 1 で, m と n は整数) \qquad (2)$$

によって与えられることがリュードベリによって示された．R_H を水素のリュードベリ定数（練習問題 1・1 を参照）といい，その値は $R_H = 1.09677 \times 10^7 \, \mathrm{m}^{-1}$ である．また，式 (2) で $m = 1$ のときがライマン系列，$m = 3$ のときがパッシェン系列である．

a）ライマン系列において，$n = 5$ の状態からの遷移による発光の波長を求めよ．

b）バルマー系列に見られる最も長い波長はいくらか．この発光は何色に見えるか．

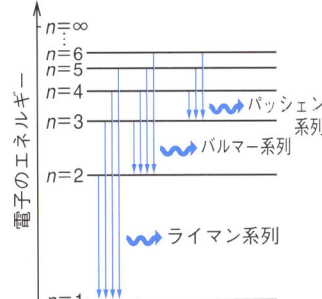

解 答

a）ライマン系列では，

$$\frac{1}{\lambda} = R_H \left(\frac{1}{1^2} - \frac{1}{n^2} \right)$$

であるから，$n = 5$ ならびにリュードベリ定数の値を代入すると，$\lambda = 94.98 \, \mathrm{nm}$ が得られる．

b）バルマー系列では，

$$\frac{1}{\lambda} = R_H \left(\frac{1}{2^2} - \frac{1}{n^2} \right)$$

である．式からわかるとおり，n が増加すれば λ は減少するから，最も長い波長は最小の n，すなわち，$n = 3$ のとき得られる．上の式に代入すると，$\lambda = 656.5 \, \mathrm{nm}$ となる．この波長は可視域の赤色に対応する．

水素原子の発光スペクトルの波長を表す一般的な式 (式 (2)) は，水素原子における量子化された電子のエネルギーに起因しており，異なるエネルギー状態間で電子が遷移するとエネルギー差に相当する波長の光が吸収あるいは放出されることに基づく．このことは水素原子のボーア模型から理論的に導くことができる．練習問題 1・1 でボーア模型を詳しく取扱う．

✱✱

例題 1・4　波動と粒子の二重性

　量子力学の考え方の大きな特徴の一つは**波動と粒子の二重性**である．すなわち，それまで主に波であると考えられていた光には粒子としての性質もあり（この観点から"光子"とよばれる），逆に粒子と考えられていた電子や陽子には波の性質がともなう．ド・ブローイは波の性質である波長 λ と粒子の性質である運動量 p（$=mv$）との間に，以下の関係があることを発見した．

$$\lambda = \frac{h}{mv}$$

ここで，m は粒子の質量，v は粒子の速さ，h はプランク定数（6.626×10^{-34} J s）である．

　a）時速 144 km で投げられたボール（質量 150 g）の波長を計算せよ．
　b）光の速度の 1 % の速度 2.998×10^6 m s^{-1} で運動する電子（質量 9.109×10^{-31} kg）の波長を計算せよ．
　c）上記の結果をもとに，巨視的な世界における物体（ボール）の波動性と微視的な世界における粒子（電子）の波動性について，どのようなことがいえるか，簡単に説明せよ．

解　答

　a）時速 144 km は秒速 40 m s^{-1} に相当する．このボールの波長は，

$$\lambda = \frac{h}{mv} = \frac{6.626 \times 10^{-34} \text{ J s}}{(0.15 \text{ kg})(40 \text{ m s}^{-1})} = \frac{6.626 \times 10^{-34} \text{ J s}}{6 \text{ kg m s}^{-1}}$$

ここで $J = $ kg m^2 s^{-2} であり，単位を変換すると，

$$\lambda = \frac{6.626 \times 10^{-34} \text{ kg m}^2 \text{ s}^{-1}}{6 \text{ kg m s}^{-1}}$$

よって，ボールの波長は $\lambda = 1.1 \times 10^{-34}$ m となる．

　b）同様にして，

$$\lambda = \frac{6.626 \times 10^{-34} \text{ J s}}{(9.109 \times 10^{-31} \text{ kg})(2.998 \times 10^6 \text{ m s}^{-1})}$$

よって，電子の波長は $\lambda = 2.43 \times 10^{-10}$ m となる．

c）ボールの波長は非常に短く，波として観測することができない．一方，電子の波長は原子の大きさ（10^{-10} m）程度に相当し，X 線と同程度であるため観測できる．したがって，巨視的な世界では物体の波動性はほとんど意味をもたないが，微視的な世界では粒子の波動性は大きな意味をもつ．

> X 線の波長は 1×10^{-12} m ～ 1×10^{-7} m 程度である．X 線の波長は結晶中の原子間距離の程度であるため，X 線が結晶に入射すると回折現象を起こす．電子も同様の現象を起こし，電子線回折とよばれる．これは電子が波であることの実験的証明である．

****

例題 1・5　不確定性原理

　ある粒子が運動しているとき，その粒子の位置 x と運動量 p の不確かさは，

$$\Delta x \cdot \Delta p \geq \frac{h}{4\pi}$$

で表される．この式から，位置と運動量を同時に決めようとしても，その確かさに限界があることがわかる．このような法則を**ハイゼンベルグの不確定性原理**という．

　a）この法則が古典力学にも適用できると仮定して，ボール（質量 150 g）の速度の不確かさを 1.0×10^{-6} m s^{-1} としたとき，ボールの位置の不確かさを求めよ．

　b）電子の速度の不確かさがボールの速度の不確かさと同じであると仮定して，電子の位置の不確かさを求めよ．

　c）原子中の電子の速度の不確かさを求めよ．ここで，原子の直径を 10^{-10} m とする．

　d）上記の結果から，巨視的な世界における物体（ボール）と微視的な世界における粒子（電子）について，ハイゼンベルグの不確定性原理はどのような意味をもつか簡単に説明せよ．

解　答

　a）$\Delta p = m\Delta v$ であるので，

$$\Delta x \geq \frac{h}{4\pi\Delta p} = \frac{h}{4\pi m\Delta v} = \frac{6.626\times10^{-34}\,\text{J s}}{4\pi(0.15\,\text{kg})(1.0\times10^{-6}\,\text{m s}^{-1})}$$

となり，ボールの位置の不確かさは $\Delta x = 3.52\times10^{-28}$ m となる．

電子の質量は例題1・4b)を参照

b) 同様に，

$$\Delta x \geq \frac{h}{4\pi m \Delta v} = \frac{6.626 \times 10^{-34}\,\text{J s}}{4\pi (9.109 \times 10^{-31}\,\text{kg})(1.0 \times 10^{-6}\,\text{m s}^{-1})}$$

となり，電子の位置の不確かさは $\Delta x = 57.9$ m となる．

c) $\Delta x = 10^{-10}$ m と考えてよいから，

$$\Delta v \geq \frac{h}{4\pi m \Delta x} = \frac{6.626 \times 10^{-34}\,\text{J s}}{4\pi (9.109 \times 10^{-31}\,\text{kg})(10^{-10}\,\text{m})}$$

となり，電子の速度の不確かさは $\Delta v = 5.79 \times 10^{5}$ m s^{-1} となる．

d) ボールの位置の不確かさは非常に小さく，実際上まったく無視できる．つまり，ボールの位置と運動量は正確に測定できる．

一方，電子の位置の不確かさは原子の直径（10^{-10} m）よりもはるかに大きくなる．つまり，電子の運動量（速度）と電子の位置を同時に決めることはできない．

不確定性原理によれば，原子中の電子は存在確率でしか表せないことになる．

このように，不確定性原理は巨視的な世界の物体に対しては意味をもたないが，微視的な世界の粒子に対しては大きな意味をもつ．

※※※

例題1・6　シュレーディンガー方程式の意味

一般的な三次元のシュレーディンガー方程式は，下記のように簡略化できる．

$$H\Psi = E\Psi \tag{1}$$

ここで Ψ は波動関数，H はハミルトン演算子（ハミルトニアン），E は粒子のエネルギーである．

式(1)およびハミルトニアン H の意味については練習問題1・2を参照していただきたい．

式(1)を適用できる例として箱の中の粒子とよばれる典型的な量子力学の例題がある．これを最も単純な一次元で取扱ってみよう．図に示すように，一次元空間において，

$$V = 0\ (0 \leq x \leq L), \quad \infty\ （それ以外） \tag{2}$$

を満たすポテンシャルエネルギーを考え，粒子は $V=0$ の $0 \leq x \leq L$ の領域に閉じ込められて運動していると仮定する．

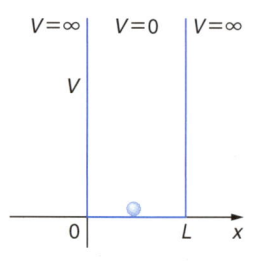

a) 式(1)の波動関数 Ψ には，粒子の波としてのすべての情報が含まれている．その情報を解読するにはどうすればよいかを簡単に説明せよ．

b) 式 (2) の条件のもとで一次元のシュレーディンガー方程式の解として波動関数 Ψ が得られるが,物理的に受け入れられる解はエネルギー E のある決まった値のみに対して存在する.この結果にはどのような意味があるかを簡単に説明せよ.

c) $|\Psi|^2$ の物理的な意味を簡単に説明せよ.

d) 式 (2) の条件のもとで一次元の箱の中の粒子の波動関数 Ψ は下記のようになる.

$$\Psi = \sqrt{\frac{2}{L}} \sin \frac{n\pi x}{L}$$

この結果をもとに,$n = 1, 2, 3$ のときの Ψ および $|\Psi|^2$ を図に表せ.

解答!

a) 波動関数に含まれる情報を解読するには,波動関数に対してハミルトニアン H による数学的な演算を実行すればよい.

b) 箱の中の粒子のエネルギーは不連続な値をとる,つまり粒子のエネルギーが量子化されていることがわかる.ちなみに,式 (1) を解くと,

$$E = \frac{n^2 h^2}{8mL^2}$$

となり,量子数 n (1, 2, 3…) に対して,固有の値をもつことがわかる.

例題 1・7 で,左の式を実際に導く.

c) $|\Psi|^2$ は一次元の箱の中のある位置において粒子を見いだす確率に相当する.したがって,すべての x にわたって $|\Psi|^2$ を積分した値は 1 となる.

d) 図のようになる(粒子のエネルギー準位も示した).

波動関数 Ψ は振幅 $\sqrt{2/L}$ をもつ sin 波で表され,箱の壁と壁の間($0 < x < L$)に収まる定在波として存在する.波長は $\lambda = (2L)/n$ で与えられるので,$n = 1$ のとき $2L$,$n = 2$ のとき L,$n = 3$ のとき $(2/3)L$ となる.

定在波は定常波ともいう.

$n = 1$ のとき,波動関数 Ψ は半波長分だけになり,粒子の存在確率 $|\Psi|^2$ は中央で最大となり両端でゼロとなる.$n = 2$ のとき,Ψ は 1 波長分になり,$|\Psi|^2$ は中央でもゼロを与えるようになる.このように,n の値が一つずつ増すごとに Ψ は半波長ずつ追加され,$|\Psi|^2$ がゼロになる点が一つずつ増える.

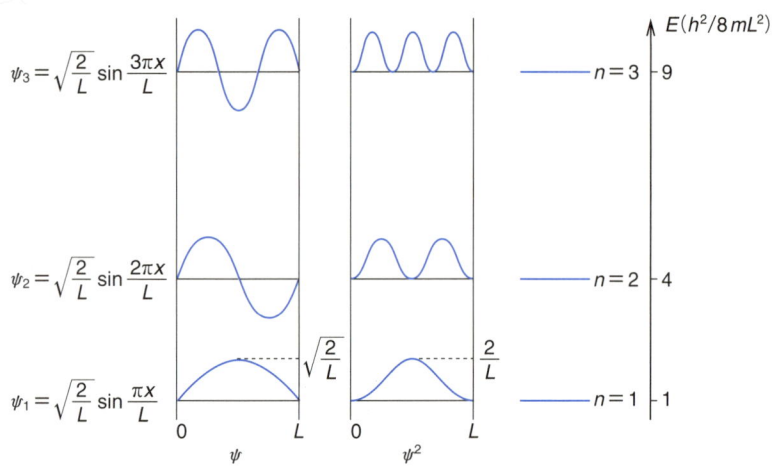

一次元の箱の中の粒子についての波動関数 Ψ，存在確率 $|\Psi|^2$，エネルギー準位

$\frac{\partial}{\partial x}$ は偏微分を表す。たとえば，$f(x,y)$ が二つの変数 x と y の関数である場合，$\frac{\partial f}{\partial x}$ は y を定数と見なして f を x で微分することを意味する．

量子力学では，プランク定数を h として，

$$\hbar = \frac{h}{2\pi}$$

で定義される $\hbar$ を用いることが多いが，本書では主としてプランク定数 h を用いて式を表現している．$\hbar$ を"ディラック定数"という．

例題 1・7　一次元のシュレーディンガー方程式を解く

一般的な三次元のシュレーディンガー方程式は，

$$-\frac{h^2}{8\pi^2 m}\left(\frac{\partial^2}{\partial x^2} + \frac{\partial^2}{\partial y^2} + \frac{\partial^2}{\partial z^2}\right)\Psi + V\Psi = E\Psi \qquad (1)$$

と表される．ただし，h はプランク定数，m は粒子の質量，E は全エネルギー，V はポテンシャルエネルギーである．例題 1・6 で取扱った一次元の箱の中の粒子に対するシュレーディンガー方程式は，

$$-\frac{h^2}{8\pi^2 m}\frac{d^2\Psi}{dx^2} = E\Psi \qquad (2)$$

である．式 (2) の解となる波動関数は，

$$\Psi = A\sin kx + B\cos kx \qquad (3)$$

と書くことができる．この式は波を表し，k は波数となる．また，A と B は定数である．

　a）式 (3) を式 (2) に代入すると，

$$E = \frac{h^2 k^2}{8\pi^2 m} \qquad (4)$$

となることを示せ．

b）ポテンシャルエネルギーは $0 \leq x \leq L$ 以外の領域では無限大であるから，$x < 0$ および $x > L$ の領域には粒子は存在できず，$\Psi = 0$ となる．$0 \leq x \leq L$ の領域の波動関数が，$x < 0$ および $x > L$ の領域と連続的につながるための条件から，$kL = n\pi$（n は整数で，$n = 1, 2, 3, \cdots$）を導け．また，この結果を式 (4) に代入してエネルギーを L と n を用いて表せ．

c）b）の結果を用い，

$$\Psi(x) = \sqrt{\frac{2}{L}} \sin \frac{n\pi x}{L} \tag{5}$$

を導け．

解答

a）式 (3) を x で微分すると，

$$\frac{d^2\Psi}{dx^2} = -k^2 A \sin kx - k^2 B \cos kx = -k^2(A \sin kx + B \cos kx) = -k^2 \Psi$$

$\dfrac{d}{dx}[\sin(ax+b)] = a\cos(ax+b)$

$\dfrac{d}{dx}[\cos(ax+b)] = -a\sin(ax+b)$

となるから，これを式 (2) に代入すれば，式 (4) が得られる．

b）式 (3) より，$\Psi(0) = B$ で，波動関数が $x < 0$ の領域と滑らかにつながるための条件 $\Psi(0) = 0$ から $B = 0$ となる．よって，

$$\Psi = A \sin kx$$

である．さらに $\Psi(L) = 0$ から，$A = 0$ または $\sin kL = 0$ である．$A = 0$ であれば，任意の x に対して $\Psi(x) = 0$ となって粒子が存在しないことになる．よって，$\sin kL = 0$ である．このとき，一般に $kL = n\pi$（n は整数）となるが，$n = 0$ であれば $k = 0$ であり，やはり $\Psi(x) = 0$ となってしまうので不適である．また，n が負の整数のときは単に $\sin kx$ の符号が変わるだけで波の振幅の大きさや波長は変わらない（同じ量子状態を表す波動関数に変わりはない）．そこで n を正の整数として $kL = n\pi$ でなければならず，$k = n\pi/L$ を式 (4) に代入すれば，

$$E = \frac{n^2 h^2}{8mL^2} \tag{6}$$

(6) 式は 11 ページの式に等しい．

となる．

c）波動関数の 2 乗は粒子を空間に見いだす確率を表し，粒子は必ず空間内のいずれかの場所に存在するから，空間全体にわたって $|\Psi|^2$ を足し

14   1. 量子力学と原子の構造

合わせると 1 になる．いまの場合，粒子は必ず $0 \leq x \leq L$ の領域内にあるから，$|\Psi|^2$ をこの範囲で積分すれば 1 になる．すなわち，

$$\int_0^L A^2 \sin^2 kx \, dx = 1$$

であって，$\sin^2 kx = (1 - \cos 2kx)/2$ であることに注意して積分を実行すると，

$$\int_0^L A^2 \sin^2 kx \, dx = A^2 \int_0^L \left(\frac{1}{2} - \frac{1}{2}\cos 2kx\right) dx = A^2 \left[\frac{1}{2}x - \frac{1}{4k}\sin 2kx\right]_0^L$$

$$= \frac{1}{2} A^2 L$$

となり，

$$\frac{1}{2} A^2 L = 1$$

$\int \sin x \, dx = -\cos x + C$

$\int \cos x \, dx = \sin x + C$

C は定数．

c) における操作を**規格化**といい，定数 A を**規格化定数**とよぶ．

から，$A = \pm\sqrt{2/L}$ が得られるが，b) の $kL = n\pi$ で n として正の整数のみを考えたのと同じ議論で，A の正の値を採用しても一般性は失われないので，$A = \sqrt{2/L}$ として，

$$\Psi(x) = \sqrt{\frac{2}{L}} \sin \frac{n\pi x}{L}$$

が導かれる．

✳✳✳

例題 1・8 原子の構造と原子軌道

a) 図は原子の構造を模式的に示したものである．空欄に適当な語句を入れよ．

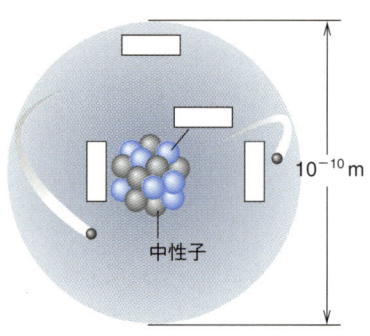

b) つぎの文を読んで後の問いに答えよ．

原子中の電子は K 殻, L 殻, M 殻, … とよばれる電子殻に入っている．これらの電子殻は ① をもち，② を基準にして負の方向に測ることになっている．つまり，③ は負の方向にいくほど ④ なり，電子殻は ⑤ となる．最も低い ⑥ をもつ電子殻は ⑦ の最も近くに存在する ⑧ 殻である．

さらに，電子殻はいくつかの原子軌道に分かれ，それぞれの原子軌道は特有の形をもつ．原子軌道の形の表現方法の一つは，電子の波動関数の ⑨ を三次元的に表すものである．

i) 文中の空欄に適当な語句を入れよ．

ii) s 軌道，p 軌道，d 軌道の形を描け．p_z 軌道，d_{xy} 軌道，$d_{x^2-y^2}$ 軌道はすでに示してある．

K 殻は 1s 軌道だけであるが，L 殻には 2s 軌道と 2p 軌道の 2 種類，M 殻には 3s 軌道，3p 軌道，3d 軌道の 3 種類がある．

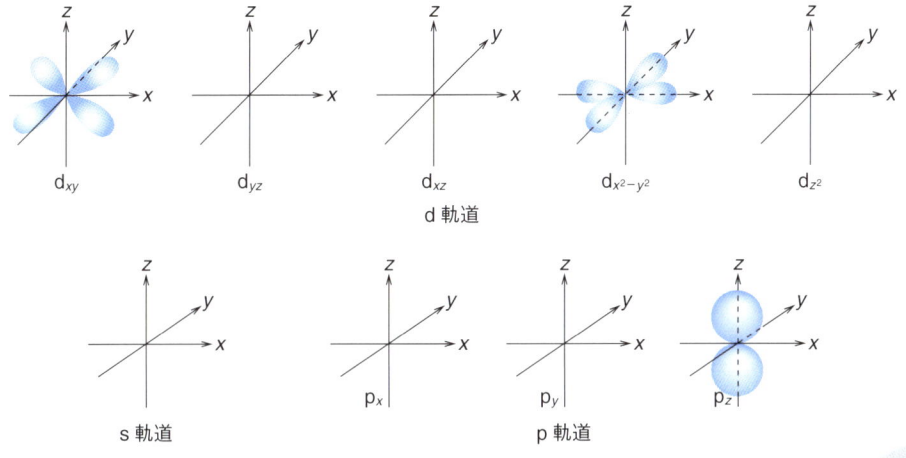

解答

a) 図を参照．原子は正に荷電した**原子核**と負に荷電した**電子**から構成されている．原子核と電子の電荷は，符号が逆で絶対値が等しいので，原子は全体として電気的には中性となる．

原子核は原子の中心に存在し，正に荷電した**陽子**と電荷をもたない**中性子**からなる．原子における電子の位置は正確に決めることができず，確率でしか表すことができない．電子の存在確率を表したものが**電子雲**であ

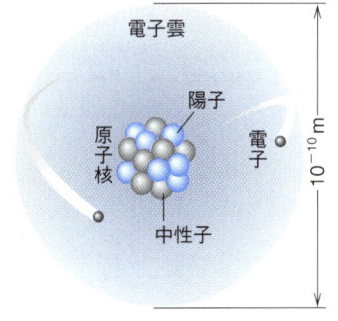

原子の構造

る．電子雲において色の濃い部分ほど，電子の存在確率が高くなるように表現するのが一般的である．

b) i) ①エネルギー，②自由電子，③エネルギー，④低く，⑤安定，⑥エネルギー，⑦原子核，⑧K，⑨角度依存性

参考までに，電子殻のエネルギーと原子軌道のエネルギーの関係を模式的に図に示した．

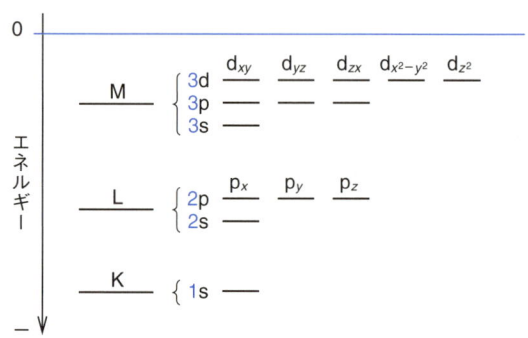

電子殻のエネルギーと原子軌道のエネルギー

ii) 下図を参照．ここでは，原子軌道の形は電子の波動関数の角度依存性を表している．図に示すように s 軌道は球形であり，p 軌道は二つの球がくっ付いたような形，d 軌道のほとんどは四つ葉のクローバーのような形をしている．

原子軌道の形を視覚的に表す別の方法に，波動関数の角度に依存する部分（これを角波動関数という）の2乗の角度依存性を描くものもある．この方法では，原子軌道の形は電子密度を反映する．たとえば $2p_z$ 軌道の場合，下図のように二つの球が少し縦に伸びた形状となる．

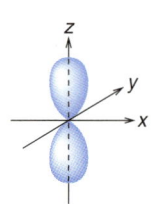

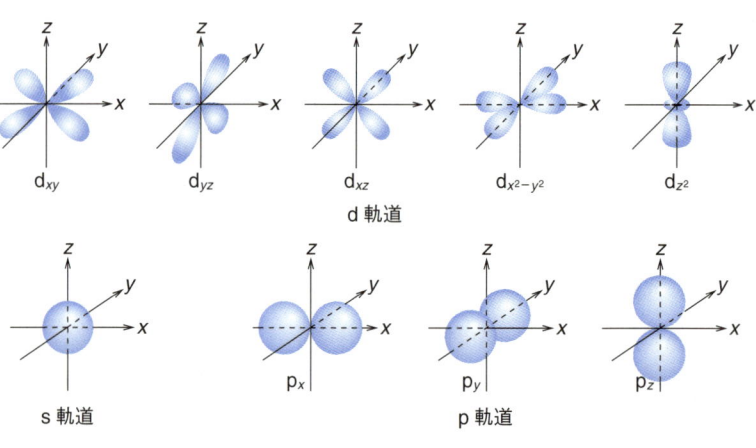

原子軌道の形

✳✳✳

例題 1・9　原子やイオンの電子配置

a) 下図に示した原子の電子配置を完成させよ.

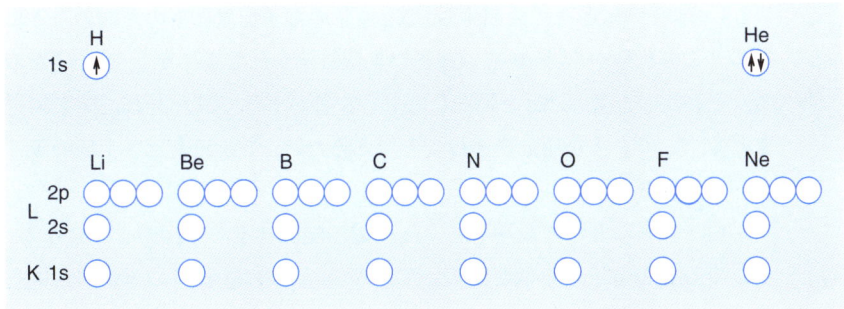

b) 1族元素は +1 価の陽イオンになりやすい. その理由を上記のような電子配置を用いて説明せよ.

c) 16族元素は何価のイオンになりやすいか. その理由を上記のような電子配置を用いて説明せよ.

解　答

a) 下図を参照.

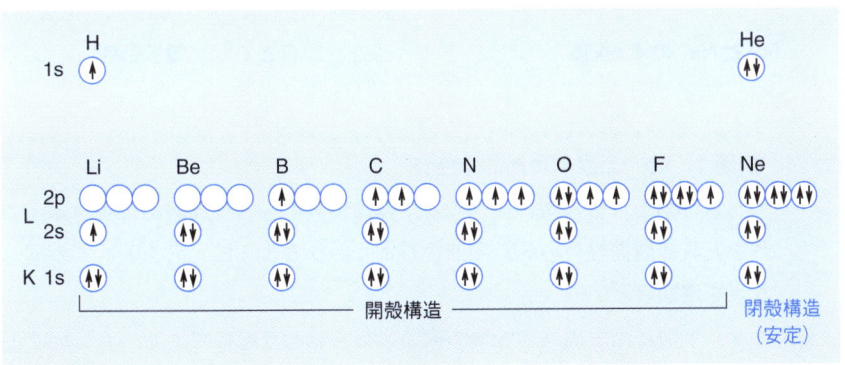

電子配置

電子は以下の規則に従って軌道に入る. ⅰ) エネルギーの低い軌道から入る. ⅱ) 一つの軌道に入る電子の数は最大で2個である. ⅲ) 一つの軌

練習問題 1・4 でふれるように，スピン磁気量子数には 2 種類がある．その違いを矢印の向きによって表す．上向き矢印で表されるスピン磁気量子数に対応する状態を上向きスピン，下向き矢印のスピン磁気量子数に対応する状態を下向きスピンという．古典的には，スピンは電子の自転であると見なせば理解しやすい．

道に 2 個の電子が入るときには互いのスピン磁気量子数が異なる．iv) エネルギーが同じ複数の軌道に電子が入るときには，すべての電子のスピン磁気量子数が同じになるほうが安定である．

b) Na を例にとって説明する．Na 原子の電子配置は下の左図のようになる．この状態から 3s 軌道の電子が 1 個取除かれて陽イオン Na$^+$ になると，その電子配置は Ne と同じになり，L 殻がすべて満たされた閉殻構造をとる．このような閉殻構造は安定であるため，1 族元素は +1 価の陽イオンになりやすい．

c) O を例にとって説明する．O の電子配置は下の右図のようになる．ここで L 殻の電子が 1 個しか入っていない二つの 2p 軌道にそれぞれ電子が入り O^{2-} になると，その電子配置は Ne と同じになり，L 殻がすべて満たされた閉殻構造をとる．このような閉殻構造は安定であるため，16 族元素は −2 価の陰イオンとなる．

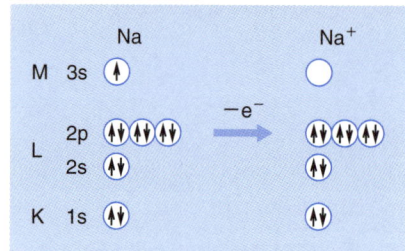

Na と Na$^+$ の電子配置

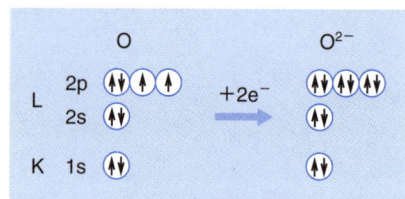

O と O^{2-} の電子配置

****

例題 1・10　元素の周期的な性質

元素を原子番号の順に並べると，似た性質のものが周期的に現れる．これを元素の**周期性**といい，周期性がよくわかるように元素を並べて整理した表を**周期表**という．

a) 下図は第 2 周期の元素の原子半径を示したものである．右にいくほど，原子半径が小さいことがわかる．この理由を簡単に述べよ．

Li	Be	B	C	N	O	F
157	112	88	77	74	66	64

原子半径．数字の単位は pm（10^{-12} m）

b）図には元素のイオン化エネルギーを示した．イオン化エネルギーは，① 周期表の上にいくほど大きくなり，右にいくほど大きくなる．② Be から B で減少する．③ N から O で減少する．これらについて，その理由を簡単に述べよ．

c）つぎの原子を電気陰性度の大きい順に並べよ．

① N, C, F, Li, O, ② F, Br, Cl, ③ K, Ca, P, Al, O, Mg

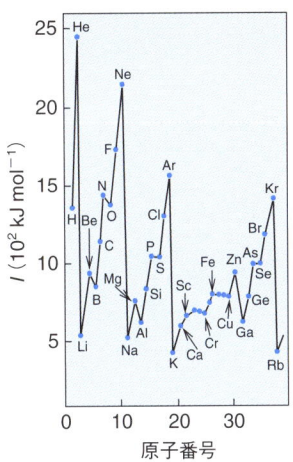

元素のイオン化エネルギー

解答

a）同じ周期の原子では右にいくほど原子番号が大きくなり，原子核の正電荷が大きくなる．このため，電子が強く原子核に引き寄せられ，原子の半径は周期表の右へいくほど小さくなる．

b）① 周期が小さいほど最外殻の電子は原子核に近くなるため安定化され，右へいくほど電子が原子核に強く引き付けられるので，イオン化エネルギーは大きくなる．

② Be では閉殻構造の 2s 軌道から最外殻電子が取除かれるのに対し，B では束縛の弱い 2p 軌道から電子が取除かれるためである．

③ N では三つの 2p 軌道に電子が 1 個ずつ入るのに対し，O では同一の軌道に 2 個の電子が入り電子間で生じる反発によるエネルギーが増加するために電子を取除きやすくなる．また，N および O$^+$（O 原子から 2p 電子が 1 個抜けたイオン）では 2p 軌道のちょうど半分が電子で満たされて安定化していることも理由の一つである．

電子配置については例題 1・9 参照．

c）図のように，電気陰性度は周期表の右上にいくほど大きくなる．よって，① F > O > N > C > Li, ② F > Cl > Br, ③ O > P > Al > Mg > Ca > K

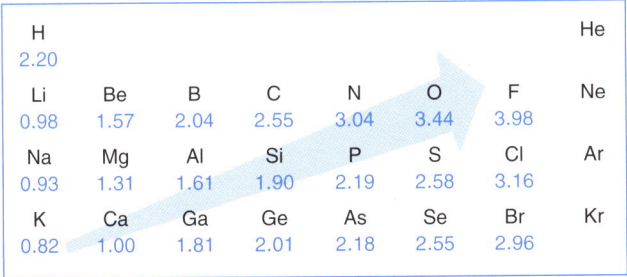

元素の電気陰性度
（ポーリングの値）

練 習 問 題

1・1

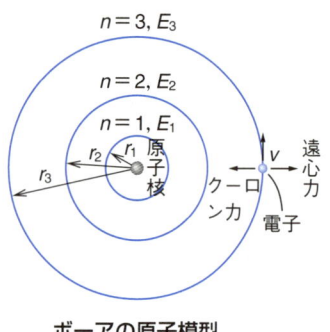

ボーアの原子模型

ボーアの原子模型（図参照）について理解しよう．つぎの文を読んで，後の問いに答えよ．

原子核が e の電荷をもち，そのまわりに 1 個の電子が存在する水素原子を考える．原子核は静止しており，電子はそのまわりを円運動すると仮定する．原子核と電子の距離（すなわち，円運動の半径）を r，電子の電荷を $-e$，真空の誘電率を ε_0 とすれば，電子は原子核から ① のクーロン力による引力を受ける．電子の質量を m，速度を v とすれば，円運動による遠心力は ② であり，これがクーロン力とつり合うから，

$$\boxed{③} \tag{1}$$

が成り立つ．

㋐ボーアは，電子のもつ角運動量は連続的に変化することができず，$h/2\pi$ の自然数倍になると仮定した．すなわち，

$$\boxed{④} = n\frac{h}{2\pi} \tag{2}$$

であり，ここで n は自然数である．式 (1) と (2) から v を消去すると，

$$r = \boxed{⑤} \tag{3}$$

が得られる．一方，電子のもつ全エネルギー E は運動エネルギーとポテンシャルエネルギーの和であり，後者は原子核の正電荷から受けるクーロン力によるものであるから，

$$E = \frac{1}{2}mv^2 - \boxed{⑥} \tag{4}$$

と表され，式 (1) を用いると，E は e, ε_0, r のみによって，

$$E = \boxed{⑦} \tag{5}$$

と表現される．これに式 (3) を代入すると，

$$E = \boxed{⑧} \tag{6}$$

が得られる．

式 (6) から，電子のエネルギーは $n = \boxed{⑨}$ のときに最小となる．この状態に対応する電子の円運動の半径 a_0 は，

$$a_0 = \boxed{⑩} \tag{7}$$

である．a_0 を**ボーア半径**という．また，n の値が異なれば電子のエネルギーは異なり，n は正の整数であるから電子のエネルギーは連続的に変化せず，離散的な値のみをとる．たとえば，n の値が n_1 であるときのエネルギーを E_1 とすれば，式(6)より，

$$E_1 = \boxed{⑪} \tag{8}$$

であり，n が異なる値 n_2 をとるときのエネルギーを E_2 とすれば，

$$E_2 = \boxed{⑫} \tag{9}$$

である．さらに，電子は異なるエネルギーの状態間で遷移することができ，特にエネルギーの高い状態から低い状態へ移ると，エネルギー差に相当する光を放出する．これが水素原子のスペクトルとして観察される．たとえば，式(8)および(9)の E_1 と E_2 に対して $E_1 < E_2$ であれば，n_2 の状態から n_1 の状態に電子が遷移したときに放出される光の振動数を ν とすれば，

$$h\nu = E_2 - E_1 = \boxed{⑬} \tag{10}$$

が成り立つ．また，光の速さを c，波長を λ とすれば，

$$\frac{1}{\lambda} = \boxed{⑭} \tag{11}$$

である．これは水素原子のスペクトルに対して経験的に導かれたリュードベリの公式にほかならず，式(11)よりリュードベリ定数 R は，

$$R = \boxed{⑮} \tag{12}$$

と表される．

 a) 文中の空欄に適当な数値または式を入れよ．

 b) 下線部Ⓐについて，ボーアが設けたこの仮説はどのような物理的意味をもつか．式(2)ならびにド・ブロイの関係を用いて説明せよ．

 c) ボーア模型で得られる結果を用いてリュードベリ定数を計算せよ．実験的に求められる水素原子のリュードベリ定数は $1.09677 \times 10^7 \mathrm{m}^{-1}$ である．両者を比較せよ．

 d) 水素原子のイオン化エネルギーを表す式を導け．

$a_0 = 5.29177 \times 10^{-11}$ m．実際に計算してみよう．

リュードベリの公式については例題 1・3 の式(2)を参照．

1・2

量子力学では古典力学に現れる物理量を独特の考え方で取扱う．このことに関するつぎの文を読んで，後の問いに答えよ．

量子力学では，ある状態の物理量の測定可能な値は，この状態を記述する関数に，物理量に対応する演算子を作用させれば得られると考える．具体例を見てみよう．一次元のシュレーディンガー方程式は，

$$-\frac{h^2}{8\pi^2 m}\frac{d^2\Psi}{dx^2} + V\Psi = E\Psi \tag{1}$$

である．ここで，

$$H = -\frac{h^2}{8\pi^2 m}\frac{d^2}{dx^2} + V \tag{2}$$

とおけば，式 (1) は，

$$H\Psi = E\Psi \tag{3}$$

と書ける．この場合，ある状態を表すのは波動関数 Ψ で，その状態のもつ物理量の一つであるエネルギー E を得るためには式 (3) を解けばよいことになる．ここで，H（ハミルトニアン，例題1・6参照）は演算子の一つで，エネルギーを表している．具体的には，演算子 H の内容は，波動関数を x で2回微分して $-\frac{h^2}{8\pi^2 m}$ を掛け，波動関数に ア を掛けたものを加えるという操作である．したがって，$-\frac{h^2}{8\pi^2 m}\frac{d^2}{dx^2}$ は物理量としては イ に対応した演算子である．

同様に，物理量として運動量 $\boldsymbol{p}$ を考えると，その x 成分 p_x（$\boldsymbol{p}$ はベクトルであることに注意）に対応した演算子は $-i\frac{h}{2\pi}\frac{\partial}{\partial x}$ であり，

$$-i\frac{h}{2\pi}\frac{\partial}{\partial x}\Psi = p_x\Psi \tag{4}$$

と書くことができる．同様に，運動量 $\boldsymbol{p}$ の y 成分と z 成分に対して，

$$\boxed{①} = p_y\Psi \tag{5}$$

$$\boxed{②} = p_z\Psi \tag{6}$$

が成り立つ．さらに，Ψ に演算子 $-i\frac{h}{2\pi}\frac{\partial}{\partial x}$ を2回作用させると $p_x{}^2$ が得られるので，

$$-\left(\frac{h}{2\pi}\right)^2\frac{\partial^2}{\partial x^2}\Psi = p_x{}^2\Psi \tag{7}$$

一般に，ある演算子 A を関数 Ψ に作用させたとき，a を定数として，
$$A\Psi = a\Psi$$
が成り立つ場合，a を A の**固有値**といい，Ψ を a に対する**固有関数**という．シュレーディンガー方程式は，この"固有値問題"の一種で，エネルギー E は固有値，波動関数 Ψ は固有関数である．

である．したがって，

$$-\frac{h^2}{8\pi^2 m}\left(\frac{\partial^2}{\partial x^2}+\frac{\partial^2}{\partial y^2}+\frac{\partial^2}{\partial z^2}\right)\Psi = \frac{p^2}{2m}\Psi \qquad (8)$$

が得られる．式(8)の左辺は三次元のシュレーディンガー方程式のハミルトニアンに含まれる ウ の演算子である．

a) 文中の空欄ア～ウに適当な語句を入れよ．また，空欄①，②に適当な式を入れよ．

b) 式(8)を導け．

1・3

シュレーディンガー方程式を用いて三次元の箱の中の粒子の運動を解析しよう．

図のような一辺の長さが L である立方体の箱に閉じ込められた粒子を考えよう．ポテンシャルエネルギーは箱の中ではゼロであり，箱の外では無限大であるとする．すなわち，

$$V = 0 \ (0 \le x \le L,\ 0 \le y \le L,\ 0 \le z \le L),\ \infty\ (\text{それ以外}) \qquad (1)$$

である．三次元のシュレーディンガー方程式は，$0 \le x \le L$，$0 \le y \le L$，$0 \le z \le L$ の領域では，

$$-\frac{h^2}{8\pi^2 m}\left(\frac{\partial^2}{\partial x^2}+\frac{\partial^2}{\partial y^2}+\frac{\partial^2}{\partial z^2}\right)\Psi = E\Psi \qquad (2)$$

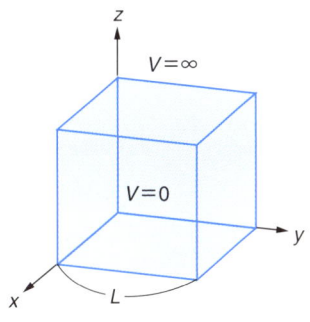

ここで示すような多変数の微分方程式の解き方を**変数分離法**という．

と書ける．式(2)を満たす解を導くために，

$$\Psi(x, y, z) = X(x)Y(y)Z(z) \qquad (3)$$

とおこう．ここで，$X(x)$，$Y(y)$，$Z(z)$ はそれぞれ x，y，z のみの関数である．式(3)を式(2)に代入して式を整理すると，

$$\frac{1}{X}\frac{\mathrm{d}^2 X}{\mathrm{d}x^2}+\frac{1}{Y}\frac{\mathrm{d}^2 Y}{\mathrm{d}y^2}+\frac{1}{Z}\frac{\mathrm{d}^2 Z}{\mathrm{d}z^2} = -\frac{8\pi^2 m}{h^2}E \qquad (4)$$

が導かれる．式(4)の左辺の三つの項のうち，x が変化したときに変化できるのは ① の項のみで， ② と ③ の項は一定のままである．一方，式(4)の右辺は定数であるから， ④ も x によらず一定でなければならない．そこで，

$$\frac{1}{X}\frac{\mathrm{d}^2 X}{\mathrm{d}x^2} = -\frac{8\pi^2 m}{h^2}E_X \tag{5}$$

$$\frac{1}{Y}\frac{\mathrm{d}^2 Y}{\mathrm{d}y^2} = -\frac{8\pi^2 m}{h^2}E_Y \tag{6}$$

$$\frac{1}{Z}\frac{\mathrm{d}^2 Z}{\mathrm{d}z^2} = -\frac{8\pi^2 m}{h^2}E_Z \tag{7}$$

とおくことができる．ここで，E_X, E_Y, E_Z は定数で，

$$E_X + E_Y + E_Z = \boxed{⑤} \tag{8}$$

である．式 (5)，(6)，(7) はいずれも一次元の箱の中の粒子の問題に帰結する．よって，例題 1・7 の結果を用いれば，波動関数と全エネルギーは，

$$\Psi(x, y, z) = \boxed{⑥} \tag{9}$$

$$E = \boxed{⑦} \tag{10}$$

となることがわかる．

a）文中の空欄に適当な記号または式を入れよ．

b）式 (4) を導け．

1・4

原子軌道について見てみよう．

a）つぎの文の空欄に適当な語句，数値，記号，式を入れよ．また，最後の空欄 $\boxed{A}$ にはパウリの排他律を説明する適当な文を入れよ．

水素原子の 1s 軌道は練習問題 1・5 の式 (1) で表される．

原子に含まれる電子の状態を表す波動関数は**原子軌道**とよばれる．電子が存在しうる空間の領域や電子のエネルギーは原子軌道の種類に依存して変わる．原子軌道の種類を決めているのは，n, l, m_l, m_s の 4 種類の量子数である．n は $\boxed{①}$ とよばれ，電子の $\boxed{②}$ を決める量子数であり，正の整数をとる．l は $\boxed{③}$ とよばれ．一つの n に対して $\boxed{④} \leq l \leq \boxed{⑤}$ の範囲の整数となる．m_l は $\boxed{⑥}$ とよばれ．ある一定の l に対して $\boxed{⑦} \leq m_l \leq \boxed{⑧}$ の範囲の整数である．量子数 l と m_l は電子の運動に関して角運動量を決める．よって，原子核のまわりの電子が存在する領域の角度分布を与えることになる．原子軌道には l の値に基づいて独特

の名称が付けられており，$l=0$ を ⑨ 軌道，$l=1$ を ⑩ 軌道，$l=2$ を ⑪ 軌道，$l=3$ を ⑫ 軌道などとよぶ．電子は ⑬ 角運動量とともに ⑭ 角運動量をもつ．後者の量子数は $s=$ ⑮ であり，これから得られる m_s は，$m_s=$ ⑯ となる．m_s は ⑰ とよばれる． A ．この規則を**パウリの排他律**という．

b) つぎの記述のうち，誤っているものはどれか．

① n が大きい原子軌道ほどエネルギーは高い．
② 水素原子では 2s 軌道と 2p 軌道のエネルギーは等しい．
③ 多電子原子における原子軌道をエネルギーの低いものから順に並べると，1s < 2s < 2p < 3s < 3p < 3d < 4s となる．
④ 3d 軌道を占めうる電子の最大の個数は 10 個である．
⑤ $l=4$ の原子軌道を g 軌道という．

1・5

つぎの文を読んで，後の問いに答えよ．

粒子の波動関数が Ψ であれば，微小な体積 $d\tau$ に粒子を見いだす確率は $|\Psi|^2 d\tau$ である．このことを水素原子の 1s 軌道の電子に当てはめてみよう．

水素原子の 1s 軌道は，

$$\Psi_{1s} = \left(\frac{1}{\pi a_0^3}\right)^{\frac{1}{2}} e^{-\frac{r}{a_0}} \qquad (1)$$

と表される．ここで，a_0 はボーア半径である．また，r は原子核から電子までの距離を表す．式 (1) からわかるように，水素原子の 1s 軌道は原子核を中心に球対称に広がっている．よって，図のような原子核から r だけ離れた位置で非常に薄い厚さ dr をもつ球殻を考えると，球殻内に電子が存在する確率は，

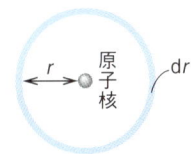

$$\frac{4}{a_0^3} r^2 e^{-\frac{2r}{a_0}} dr \qquad (2)$$

で与えられる．ここで，

$$P(r) = \frac{4}{a_0^3} r^2 e^{-\frac{2r}{a_0}} \qquad (3)$$

で定義される関数 $P(r)$ は原子核から距離 r だけ離れた位置に存在する電

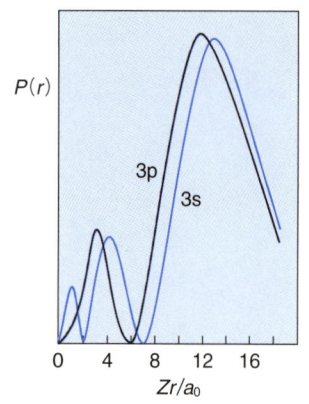

子の割合を表している．

a）式 (2) を導け．

b）式 (3) を用いて，1s 軌道において電子の存在する割合が最大となる原子核からの距離が a_0 となることを示せ．

c）文中で定義した関数 $P(r)$ を**動径分布関数**とよぶ．図は原子番号が Z の原子の 3s 軌道と 3p 軌道の動径分布関数 $P(r)$ を原子核からの距離 r に対して描いたものである．この図から，3s 軌道と 3p 軌道の電子がもつエネルギーに関してどのようなことがいえるか．

1・6

ナトリウム原子からの発光にはD線とよばれる特徴的なスペクトル線が観察される．図は，ナトリウム原子のエネルギー準位とD線に対応する電子遷移を表したものである．縦軸のエネルギーは波数（ただし，波長の逆数）で表現されている．この図に関して，つぎの文の空欄に適当な数または記号を入れよ．また，{ }については正しいものを選べ．

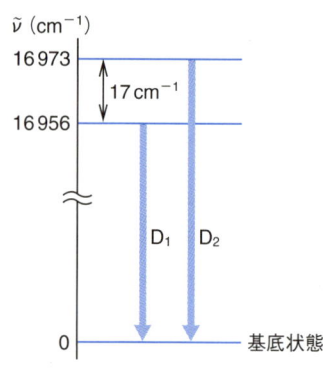

ナトリウム原子の基底状態の電子配置は ① であり，図示されている二つの励起状態はいずれも電子配置が [Ne]3p¹ である．励起状態の最外殻電子がもつ方位量子数は $l =$ ② でスピン量子数は $s =$ ③ である．一般に，二つの角運動量 $\boldsymbol{j}_1$ と $\boldsymbol{j}_2$ があり，それらの量子数がそれぞれ j_1 と j_2 であるとき，これら二つの角運動量をベクトルとして合成して得られる角運動量 $\boldsymbol{J} = \boldsymbol{j}_1 + \boldsymbol{j}_2$ の量子数 J は，

$$j_1 + j_2,\ j_1 + j_2 - 1,\ \cdots,\ |j_1 - j_2|$$

の値をとることが知られている．よって，いまの場合，軌道角運動量とスピン角運動量の合成により， ④ ならびに ⑤ の二つの量子数に対応した角運動量が生じる．これら二つの状態のエネルギーが異なるため，励起状態は二つに分裂する．

ナトリウム原子の 2 本の D 線の波長は，D_1 が ⑥ nm，D_2 が ⑦ nm である．これらはいずれも｛紫外域・可視域・赤外域・マイクロ波領域｝に現れる．

化学結合と分子の構造

　原子は互いにさまざまな**化学結合**を形成して分子や結晶を形づくる．化学結合には，イオン結合，共有結合，金属結合などがあり，それぞれの特徴をもって分子や結晶の生成に寄与している．分子間には水素結合やファン デル ワールス力が働く．化学結合は分子の構造や反応，結晶の構造や性質に大きな影響を及ぼしている．

水素結合は分子内で働く場合もある．

1. 結合の種類と特徴

　結合の種類と代表的な物質の例を表にまとめた．**イオン結合**は陽イオンと陰イオンの間に働くクーロン力（静電引力）に基づく．**金属結合**は伝導電子が金属イオン（陽イオン）を結晶全体にわたって結び付けている状態で，この力により金属イオンは一定の配列をなしている．共有結合はのちほど詳しく述べる．

	結合名			例
原子間	金属結合			Fe, Au, Ag
	イオン結合			NaCl, MgCl$_2$
	共有結合	σ結合	単結合	H$_3$C—CH$_3$
		π結合	二重結合	H$_2$C=CH$_2$
			三重結合	HC≡CH
分子間	水素結合			H$_2$O⋯H$_2$O
	ファン デル ワールス力			He⋯He

2. 共有結合

共有結合は，結合する2個の原子が互いに1個ずつの電子を出し合い，それを共有することによって生成する結合である．共有結合を初めて量子力学に基づいて説明することを試みたのはハイトラーとロンドンである．彼らは水素分子を対象として，1個の電子がどちらか一方の水素原子に属した状態（水素原子間で電子の交換が可能であるから2通りある）を考えて分子のエネルギーを計算した．これを**原子価結合法**という．一方，**分子軌道法**の考え方では，2個の原子の間で電子が属する軌道が重なり，やがて分子全体のまわりを回る新しい分子軌道ができ，電子がそこに属することによって共有されることになる．共有結合において，2個の電子は二つの原子核から静電引力を受けており，二つの原子核の間の領域で電子密度が高くなる．

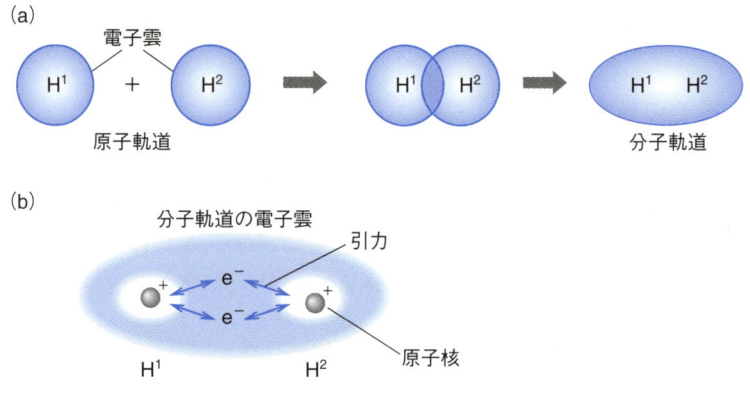

水素分子のできる過程（a）および原子核と電子の相互作用（b）

3. σ結合とπ結合

共有結合には**σ結合**と**π結合**がある．σ結合だけからできた結合を**単結合**（一重結合）という．それに対して，一つのσ結合と一つのπ結合からできた結合を**二重結合**といい，一つのσ結合と二つのπ結合からできた結合を**三重結合**という．単結合を**飽和結合**といい，二重結合と三重結合を**不飽和結合**という．

結合	結合の構成
単結合	σ結合
二重結合	σ結合＋π結合
三重結合	σ結合＋π結合＋π結合

4. 分子間力

　分子間に働く引力と斥力（反発力）の総称を**分子間力**という．分子間に働く力には，水素結合，ファン デル ワールス力などがある．

　水素結合は水素原子が電気陰性度の大きな原子（F，O，N など）と結合した分子に見られ，正に荷電した水素と他の分子に属している負に荷電した原子との間に働く静電引力である．水分子間に働く水素結合が典型的な例である．**ファン デル ワールス力**は電気的に中性の分子間に働く分子間力である．無極性分子（たとえば希ガス）間にも一時的に生成する電気双極子の相互作用に基づいて引力が働く．この引力はファン デル ワールス力に主要な寄与をしている．極性分子では永久双極子間に静電引力に基づく分子間力が働く．

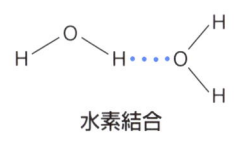

水素結合

電気双極子については例題 2・2 を参照．

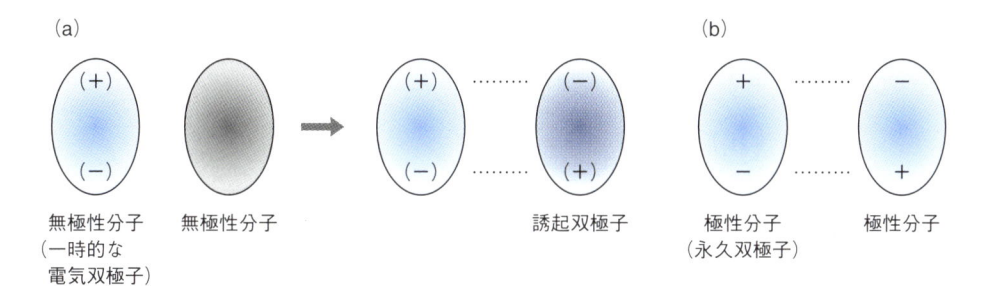

(a) 無極性分子（一時的な電気双極子）　無極性分子　→　誘起双極子

(b) 極性分子（永久双極子）　極性分子

電気双極子の相互作用に基づく分子間力

5. 混成軌道

　一つの原子において種類の異なるいくつかの原子軌道が組合わされて新たな原子軌道が生じ，これが化学結合に寄与することがある．この新たに形成される原子軌道を**混成軌道**とよぶ．炭素原子を例にとると，一つの 2s 軌道と三つの 2p 軌道から **sp^3 混成軌道**ができる．sp^3 混成軌道は全部で四つあり，互いに 109.5° の角度で交わっている．sp^3 混成軌道を使った結合の例はメタン CH_4 であり，炭素の四つの sp^3 混成軌道と水素の 1s 軌道が重なることによってメタンの C—H σ 結合ができている．メタンの構造は正四面体になる．同様に，2s 軌道と二つの 2p 軌道からできた混成軌道を **sp^2 混成軌道**，2s 軌道と一つの 2p 軌道からできた混成軌道を **sp 混**

この角度は，海岸にある護岸のテトラポッドの脚の角度と同じである．

成軌道という．炭素原子が sp² 混成軌道あるいは sp 混成軌道をつくる場合，残った 2p 軌道は π 結合に寄与する．

(a)

(b)

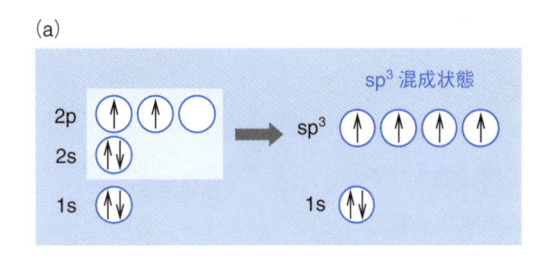

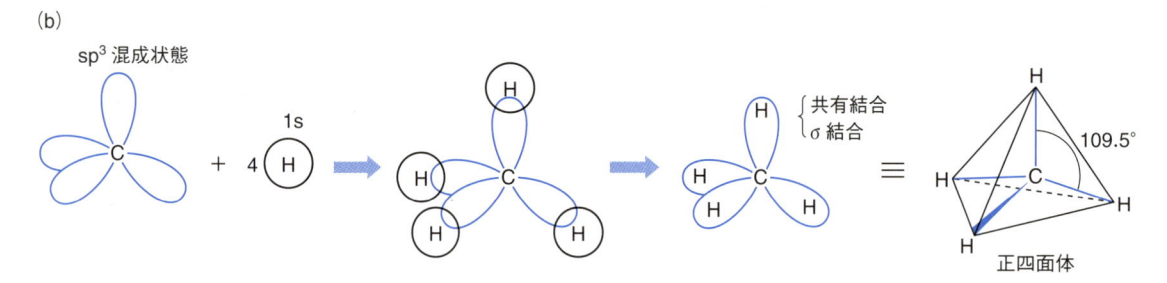

sp³ 混成状態の炭素原子の電子配置（a）およびメタンの構造（b）

例題 2・1　さまざまな化学結合

a) つぎの物質がつくる結晶を化学結合に応じて，金属結晶，イオン結晶，共有結合結晶，分子結晶に分類せよ．

① ケイ素，② ナトリウム，③ チタン，④ ヨウ素，⑤ 二酸化炭素，⑥ 酸化カルシウム，⑦ 臭化カリウム，⑧ ナフタレン

b) つぎの文の空欄に適当な語句を入れよ．

イオン結合で結合した代表的な化合物は塩化ナトリウムである．Na 原子の ① 軌道にある電子が Cl 原子の ② 軌道に移ると Na 原子は Na⁺ となり，Cl 原子は Cl⁻ となって，ともに ③ 構造となるため安定化する．この電子配置は ④ 対称であるため，結合に ⑤ 性がない．これはイオン結合の大きな特色である．

c) ギ酸は水素結合により二量体をつくり，マレイン酸では分子内水素

結合が生じる．これらの分子構造を描いて水素結合の様子を示せ．

解答

a）金属結晶：② ナトリウム，③ チタン，イオン結晶：⑥ 酸化カルシウム，⑦ 臭化カリウム，共有結合結晶：① ケイ素，分子結晶：④ ヨウ素，⑤ 二酸化炭素，⑧ ナフタレン

解説 ナトリウムは体心立方構造，チタンは六方最密充填構造をもつ金属結晶である．酸化カルシウムではCa^{2+}とO^{2-}が，また，臭化カリウムではK^+とBr^-がイオン結合によって結び付けられている．ともに塩化ナトリウム型構造である．ケイ素はダイヤモンドと同じ結晶構造（ダイヤモンド型構造）をもつ．ヨウ素，二酸化炭素（ドライアイス），ナフタレンの結晶では，それぞれI_2，CO_2，$C_{10}H_8$の分子が規則正しく配列しており，弱い分子間力（ファン デル ワールス力）で結合している．

図にはダイヤモンド型構造，CO_2（ドライアイス）の結晶構造を示した．

塩化ナトリウム型構造におけるイオン結合については，練習問題2・4参照．

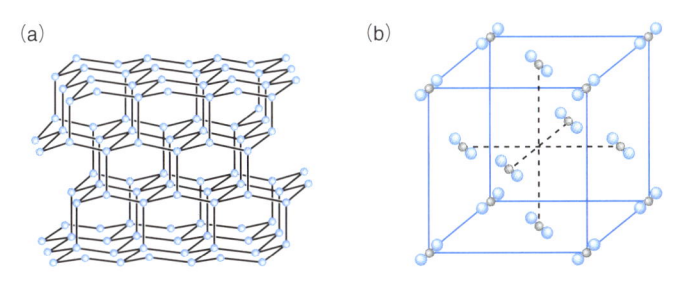

ダイヤモンド（a）およびドライアイス（b）の構造

b）① 3s，② 3p，③ 閉殻，④ 球，⑤ 方向

c）下図のようになる．分子構造中の破線（---）が水素結合を表す．

ギ酸　　マレイン酸

水素結合は，DNA（デオキシリボ核酸）の二重らせん構造やタンパク質の二次構造などの形成に寄与する．つまり，生体分子の機能や作用において水素結合はきわめて重要である．

※※※

例題 2・2　電気双極子と化学結合

　大きさが等しく符号の異なる点電荷が互いに一定の距離だけ離れて対を成しているものを**電気双極子**という．点電荷が q と $-q$ で（ただし，$q > 0$），互いの距離が d であるとき，**電気双極子モーメント**の大きさは qd で与えられる．

　a）HCl 分子が H^+ イオンと Cl^- イオンからなり，これらが点電荷であると仮定できる場合，電気双極子モーメントの大きさはいくらか．ただし，結合距離は 127.4 pm である．

　b）HCl の電気双極子モーメントの実測値は 3.44×10^{-30} C m である．この値と a)で求めた値との比較から，HCl の化学結合に関してどのようなことがいえるか．

　c）HI の電気双極子モーメントの実測値は 1.27×10^{-30} C m である．HCl の値と比較すると，これら 2 種類のハロゲン化水素の化学結合に関してどのようなことがいえるか．

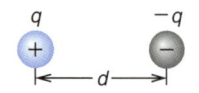

1章の練習問題 1・6 の解答で述べているとおり，電気双極子の点電荷の代わりに点磁荷（磁極）を考えれば，これは磁気双極子を表す．

pm = 10^{-12} m

解答!

　a）H^+ イオンと Cl^- イオンの電荷の大きさは $q = 1.602 \times 10^{-19}$ C であるから，電気双極子モーメントの大きさは，

$$qd = (1.602 \times 10^{-19}\,\text{C}) \times (127.4 \times 10^{-12}\,\text{m}) = 2.04 \times 10^{-29}\,\text{C m}$$

である．

　b）実測値は計算値の約 6 分の 1 にすぎない．計算値は HCl が完全にイオン性であると仮定したものであるから，実際には HCl の結合は完全なイオン結合ではなく，共有結合がかなり寄与していることを示している．

　c）ヨウ素の原子半径は塩素より大きいため，HI の結合距離は HCl より長いはずである．ところが電気双極子モーメントは HI のほうが HCl より小さい．つまり，電荷 q は HI のほうが HCl より小さいことになり，HI のほうが HCl より共有結合性が大きいことが示唆される．

2. 化学結合と分子の構造　33

例題 2・3　混成軌道

a) つぎの表は，エタン，エチレン，アセチレンにおいて炭素原子がつくる混成軌道と共有結合についてまとめたものである．表の空欄に適当な記号または数字を入れよ．

分　子	炭素原子の混成軌道	炭素原子が形成するσ結合の数	炭素原子間のπ結合の数
エタン			
エチレン			
アセチレン			

b) sp^2 混成状態の炭素の電子配置を示せ．また，下図はエチレンの原子軌道を示したものである．空欄に適当な語句を入れよ．

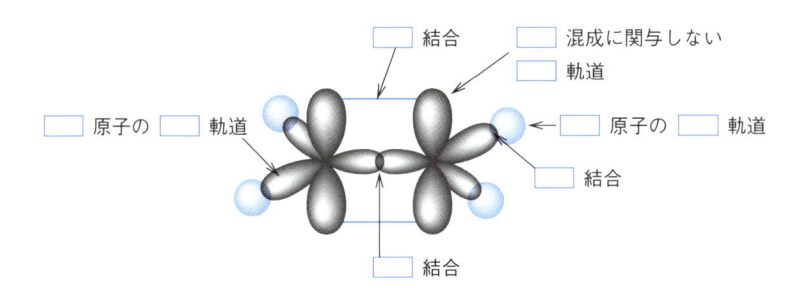

【図：エチレンの原子軌道。空欄：□結合，□混成に関与しない□軌道，□原子の□軌道，□原子の□軌道，□結合，□結合】

解　答

a) 下表のようになる．

分　子	炭素原子の混成軌道	炭素原子が形成するσ結合の数	炭素原子間のπ結合の数
エタン	sp^3	4	0
エチレン	sp^2	3	1
アセチレン	sp	2	2

エタン C_2H_6 の炭素原子は sp^3 混成軌道によって，三つの C—H 単結合，一つの C—C 単結合を形成する．これらの単結合はすべて σ 結合によってできている．

エチレン C_2H_4 の炭素原子は sp^2 混成軌道をつくり，二つの C—H 単結

sp^2 混成軌道は全部で三つあり，120°の角度で交わっている．また，三つの sp^2 混成軌道は正三角形の頂点に向かって伸びているため，エチレンは下図に示すように平面構造をとる．実際には H—C—H 結合角は 120°より小さくなっている．

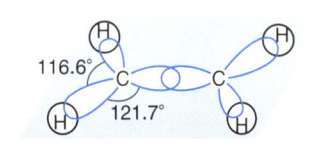

【図：エチレンの平面構造。116.6°，121.7°】

合，一つのC＝C二重結合を形成する．C＝C二重結合はsp²混成軌道によるσ結合と，混成に関与しないp軌道によるπ結合からなる．

アセチレンC_2H_2の炭素はsp混成軌道をつくり，一つのC—H結合，一つのC≡C三重結合を形成する．C≡C三重結合はsp混成軌道によるσ結合と，混成に関与しない2個のp軌道による二つのπ結合からなる．

b）下図のようになる．

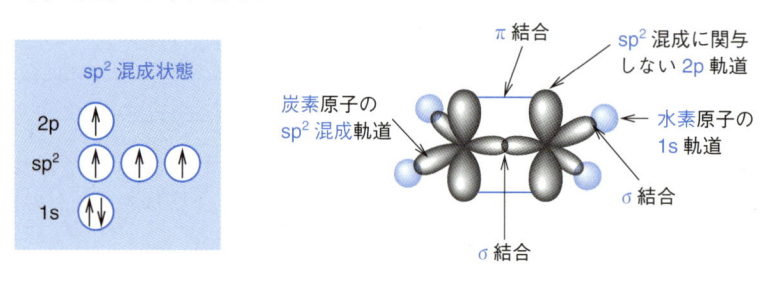

> sp混成軌道は180°の角度をもって反対向きに配置されるので，アセチレンの形は直線形になる．

> 分子を結合軸のまわりに180°回転させたとき，σ結合は位相が変わらないが，π結合では位相が逆になる．原子軌道の位相については例題2・5を参照．

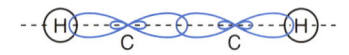

****

例題 2・4　混成軌道と分子の形

a）BF_3は平面三角形（正三角形）の分子であり，NH_3は三角錐の形をとる．ホウ素原子と窒素原子がつくる混成軌道を考えることにより，両者の形の違いを説明せよ．

b）NH_3におけるH—N—Hの結合角は106.7°であり，CH_4におけるH—C—Hの結合角109.5°よりもやや小さい．このようになる理由を述べよ．

c）SF_6は正八面体の形となる．硫黄原子の混成軌道を考えて，この形を説明せよ．

解　答

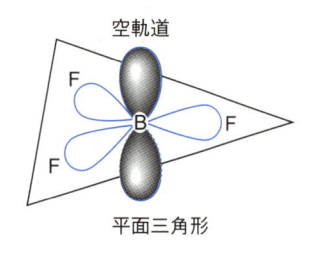

a）ホウ素原子の電子配置は$(1s)^2(2s)^2(2p)^1$である．結合に際して2s電子の一つが2p軌道に移ってsp²混成軌道を形成し，三つの原子軌道には一つずつ電子が入り，これらがフッ素原子の2p軌道の不対電子と共有結合をつくる．ホウ素原子のもう一つの2p軌道には電子が存在せず，空軌道となる．sp²混成軌道による結合であるため，BF_3は平面三角形（正三角形）の分子となる（図参照）．

一方，窒素原子の電子配置は $(1s)^2(2s)^2(2p)^3$ であり，2s軌道と三つの2p軌道で sp^3 混成軌道をつくる．ここに5個の電子が入るため結合に使われるのは三つの混成軌道で，残りの一つは2個の電子が対になって入り孤立電子対（非共有電子対）となる．sp^3 混成軌道のため分子の形は基本的に正四面体であるが，NH_3 では水素原子との結合に使われるのは三つの混成軌道であるため，三角錐の構造をとる（図参照）．

b) a) の解答で述べたように NH_3 において窒素原子は sp^3 混成軌道を形成する．よって，CH_4 における H—C—H の結合角と同様（冒頭の解説5の図参照），NH_3 における H—N—H の結合角も 109.5° となるはずである．しかし，NH_3 では sp^3 混成軌道の一つが孤立電子対で占められており，水素原子との共有結合をつくる電子対がこの孤立電子対と静電的に反発するため，相対的に水素原子は孤立電子対から遠ざかり，結果として H—N—H の結合角は CH_4 における H—C—H の結合角よりもやや小さい 106.7° となる（図参照）．

c) 硫黄原子の電子配置は $[Ne]3s^23p^4$ である．SF_6 分子において硫黄原子が6個のフッ素原子と結合するためには6個の不対電子を準備する必要がある．そのため空の3d軌道を使い，3s電子1個と3p電子1個を二つの3d軌道に移し，sp^3d^2 混成軌道を形成する．この原子軌道は六つあり，それぞれが正八面体の六つの頂点に向かって伸びている（図参照）．六つの原子軌道に1個ずつ電子が存在し，それらが6個のフッ素原子と結合する．

※※※

例題 2・5 原子軌道と分子軌道

a) 二つの原子軌道から形成される分子軌道の模式的な形（ア）～（シ）を下に示した．これらのうち，つぎの①～③に当てはまるものを記号で答えよ．ただし，同じ色の軌道は位相が同じ原子軌道，異なる色の軌道は位相が異なる原子軌道を示す．

① 結合性のσ結合，② 反結合性のπ結合，③ p軌道とd軌道の結合

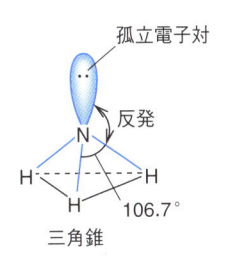

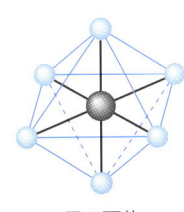

36 2. 化学結合と分子の構造

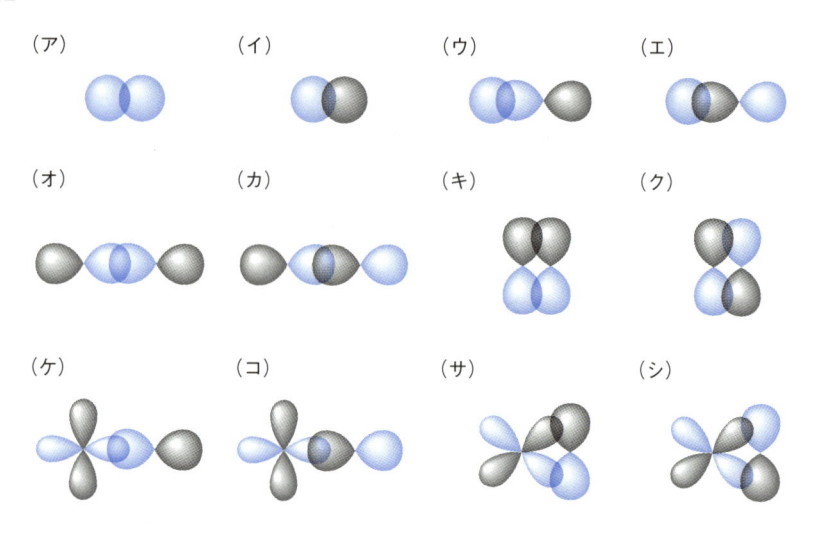

(ア) (イ) (ウ) (エ)
(オ) (カ) (キ) (ク)
(ケ) (コ) (サ) (シ)

b) N_2 分子において窒素原子間に形成される共有結合を，設問 a) にならい窒素の原子軌道を用いて図示せよ．また，この結合が三重結合となることを示せ．

解答!

p 軌道において中央の節をはさんで結び付いた二つの球状のローブの色が異なるのは，電子の波動関数の符号が二つの領域で互いに異なることを意味している．すなわち，片方の領域では他方の領域と比べて波の位相が半波長分だけずれている（波の振動で片方が山の状態であれば他方は谷の状態になっている）．d 軌道も位相の異なるローブからなる．位相が同じ原子軌道からなる分子軌道は**結合性**であり，位相が異なる原子軌道からなる分子軌道は**反結合性**である．

窒素原子の電子配置については例題 1・9 参照．

a) ① (ア)，(ウ)，(オ)，(ケ)，② (ク)，(シ)，③ (ケ)，(コ)，(サ)，(シ)

(ア)〜(シ) の結合は，(ア) s 軌道の結合性の σ 結合，(イ) s 軌道の反結合性の σ 結合，(ウ) s 軌道と p 軌道の結合性の σ 結合，(エ) s 軌道と p 軌道の反結合性の σ 結合，(オ) p 軌道の結合性の σ 結合，(カ) p 軌道の反結合性の σ 結合，(キ) p 軌道の結合性の π 結合，(ク) p 軌道の反結合性の π 結合，(ケ) p 軌道と d 軌道の結合性の σ 結合，(コ) p 軌道と d 軌道の反結合性の σ 結合，(サ) p 軌道と d 軌道の結合性の π 結合，(シ) p 軌道と d 軌道の反結合性の π 結合である．

b) 図のようになる．窒素原子の三つの 2p 軌道が N_2 分子の結合に寄与できるが，そのうちの一つが σ 結合，他の二つが π 結合であり，これらにより窒素原子間には三重結合が生じる．

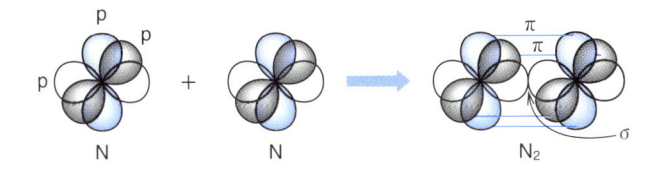

例題 2・6　等核二原子分子の分子軌道

図は水素原子の 1s 軌道からつくられる水素分子の分子軌道のエネルギー準位を模式的に表している.

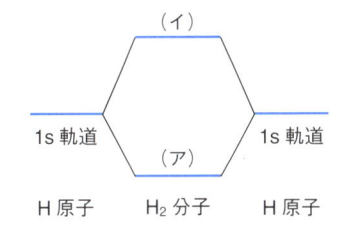

a) 図中の（ア）,（イ）で表される分子軌道はそれぞれ結合性軌道と反結合性軌道である. なぜそのようになるのか, エネルギーの観点から説明せよ.

b) スピン磁気量子数を考慮して電子を上向きと下向きの矢印で表し, 設問 a) の図を用いて基底状態の水素分子の電子配置を示せ.

c) 分子軌道のうち結合性軌道を占めている電子の総数を N, 反結合性軌道を占めている電子の総数を N^* としたとき,

$$b = \frac{1}{2}(N - N^*)$$

で定義される b を**結合次数**という. 水素分子の結合次数を求めよ.

H_2, O_2 のように, 同じ原子からつくられる二原子分子を等核二原子分子という.

解　答

a)（ア）の分子軌道のエネルギーは水素原子の 1s 軌道のエネルギーより低い. つまり, 水素分子において電子がこの分子軌道を占めると, 水素原子の状態でいる場合と比べて安定化される. つまり, この分子軌道は水素原子間の共有結合の形成を促すことになるため, **結合性軌道**とよばれる. 逆に（イ）の分子軌道のエネルギーは水素原子の 1s 軌道より高く, この軌道に電子が入ると水素分子が不安定化するため**反結合性軌道**とよばれる.

b) 図のようになる. 1s 軌道に 1 個の電子があり, 2 個の水素原子が寄与するため, 2 個の電子が結合性軌道に入る.

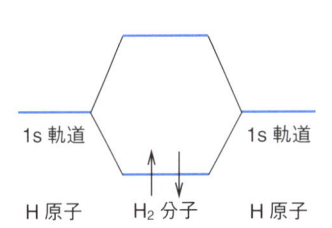

c) 結合次数は,

38   2. 化学結合と分子の構造

$b=1$ は，水素分子において水素原子間の結合が単結合であることを反映している．

$$b = \frac{1}{2}(N - N^*) = \frac{1}{2} \times (2-0) = 1$$

である．

※※※
例題 2・7 異核二原子分子の分子軌道

LiH，HF などのように，異なる原子からつくられる二原子分子を異核二原子分子という．

つぎの図は LiH 分子の分子軌道のエネルギー準位を表している．

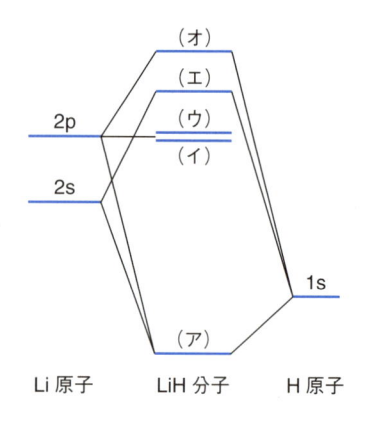

（エネルギー準位図：Li 原子の 2p, 2s と H 原子の 1s から，LiH 分子の軌道（ア）～（オ））

a) 基底状態の LiH 分子を考え，図中の（ア）～（オ）の分子軌道を占める電子の数をそれぞれ答えよ．

b)（イ）と（ウ）の分子軌道は**非結合性軌道**とよばれる．なぜそのように名付けられているのか，理由を述べよ．

c)（イ）と（ウ）の分子軌道はエネルギーが等しい（すなわち，縮退している）．なぜそのようになるのか，理由を述べよ．

H 原子の 1s 軌道から 1 個，Li 原子の 2s 軌道から 1 個の電子が供給される．

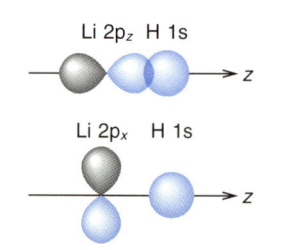

d) LiH 分子中で水素は水素イオン（プロトン，H^+）あるいは水素化物イオン（H^-）のいずれの性質をもつと考えられるか．根拠も示せ．

（Li $2p_z$ と H 1s の重なりの図；Li $2p_x$ と H 1s の図，z 軸方向）

解 答

a)（ア）2 個，（イ）0 個，（ウ）0 個，（エ）0 個，（オ）0 個

b) LiH の結合に沿って z 軸をとると，Li 原子の $2p_z$ 軌道は H 原子の 1s 軌道と σ 結合をつくるが（上図），他の $2p_x$ 軌道と $2p_y$ 軌道は結合をつくることができない（下図）．これは H 原子の 1s 軌道が π 結合を形成で

きないからである．よって，これらの原子軌道は分子軌道において結合に寄与せず，非結合性軌道となる．

c) b) で述べたとおり，（イ）と（ウ）の分子軌道は Li 原子の $2p_x$ 軌道と $2p_y$ 軌道からできる非結合性軌道であり，二つの原子軌道は同じエネルギーをもつため，これらの分子軌道は縮退している．

d) a) より，LiH では結合性分子軌道（すなわち，（ア）の分子軌道）にのみ電子が存在する．この結合性分子軌道はその形成に寄与している Li 原子の 2s 軌道や 2p 軌道より H 原子の 1s 軌道にエネルギーが近い．このことは，結合性分子軌道の 2 個の電子が H 原子に近いところに存在する確率が高いことを意味する．すなわち，LiH 分子中の水素は水素化物イオン H^- としての性質をもつ．

****

例題 2・8　金属結合とバンド構造

a) つぎの文の空欄に適当な語句を入れよ．

図のように，結晶の構造を規則正しく並んだ硬い球が互いにバネでつながれた状態と考えることができる．球は ① や ② を，また，バネは ③ を比喩的に表している．いま，一つの球を指でつかんで少し動かしたのち指を離したとしよう．球はバネの力で引き戻されるが，元の位置にきても勢い余って反対側まで動いて止まり，再び元の位置に戻ろうとする．すなわち，球は元の位置を中心に ④ する．実際の結晶では ⑤ エネルギーにより ⑥ や ⑦ が活発にこのような運動を行っている．これを ⑧ という．

金属結晶では球は ⑨ であり，まわりにたくさんの ⑩ が存在する． ⑪ は球と球の隙間を動き回ることができるため，金属は電気をよく通す．いい換えると， ⑫ が高い．温度が高くなると球が得る ⑬ エネルギーが大きくなるので，球の ⑭ 運動はますます活発になり，球は大きく動いて隙間にまで張り出すようになる．これは ⑮ の進行を妨げるので，金属では温度が上れば電気が ⑯ なる．逆に温度が下がれば金属の ⑰ は上がる．中にはある温度で急激に ⑱ がゼロになる金属もある．この現象は**超伝導**とよばれる．

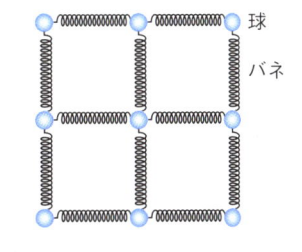

b）分子軌道の概念を拡張すると金属の電子構造を記述することができる．図は1個の原子の原子軌道から多数（アボガドロ定数程度）の原子が集まってバンド構造を形成するまでの過程を表している．

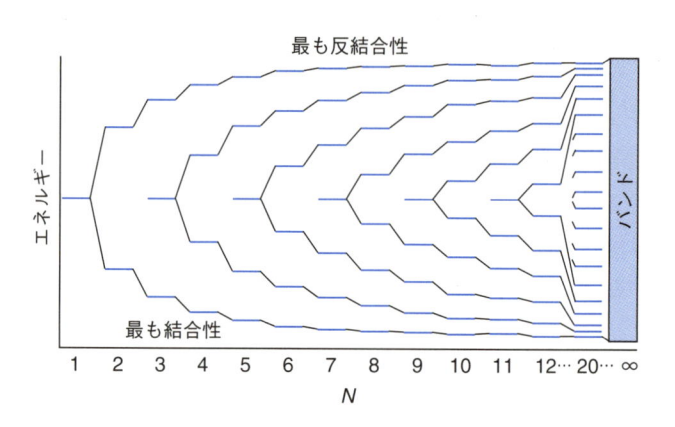

等核二原子分子（図中の横軸が $N=2$ に相当）では二つの原子軌道から結合性軌道と反結合性軌道の二つの分子軌道ができる．三つの原子軌道からは三つの分子軌道ができる．これを繰返せば，金属のように無数の原子が集まった状態では無数の分子軌道が形成され，そのエネルギーはほぼ連続的に変化する．つまり，一定のエネルギー領域に無数の分子軌道が存在するバンド構造ができる（図中の $N=\infty$ に対応）．

リチウムの結晶を考え，その1s軌道と2s軌道がつくるバンドを電子がどのように占有するか説明せよ．また，この電子構造に基づき，電気伝導の観点からリチウムが金属となることを説明せよ．

解　答!

結晶では熱エネルギーの影響を受け格子振動が起こる．この現象は電気伝導のみならず，結晶の熱的性質や光学的性質など種々の物性に影響を及ぼす．

a）① 原子，② イオン，③ 化学結合，④ 振動，⑤ 熱，⑥ 原子，⑦ イオン，⑧ 格子振動，⑨ 陽イオン，⑩ 自由電子，⑪ 自由電子，⑫ 電気伝導率，⑬ 熱，⑭ 振動，⑮ 自由電子，⑯ 流れにくく，⑰ 電気伝導率，⑱ 電気抵抗

b）リチウム原子の電子配置は $1s^2 2s^1$ である．Li_2 分子では1s軌道のつくる結合性軌道と反結合性軌道に2個ずつ電子が入り，分子軌道は完全に電子によって占められる．この状況は結合するリチウム原子の数が増えて

も同じであるから，$N = \infty$ に相当するリチウム結晶の 1s 軌道からなるバンドはすべて電子で占められている．

一方，Li_2 分子において 2s 軌道のつくる結合性軌道は 2 個の電子で占められるが，反結合性軌道は空である．$N = 3$ になると分子軌道が三つで電子は 3 個であるから，電子が入りうる分子軌道の半分が占有され，残りの半分は空になる．同様のことが $N = \infty$ でも起こり，2s 軌道に基づくバンドはエネルギーの低い下半分が電子によって占められ，上半分は空になる．このようなバンドでは，エネルギーの最も高い準位にある電子がエネルギーの最も低い空の軌道に容易に移ることができるため，電子はこの空準位を移動することにより結晶全体を動き回ることが可能になる．これにより電気伝導が起こり，リチウム結晶は金属としての性質を示す．

リチウム金属のバンド構造と電子による占有の様子を模式的に図に示す．

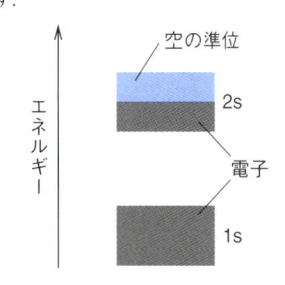

練 習 問 題

2・1

つぎの図は O_2 と F_2 に適用できる二原子分子の分子軌道エネルギー準位図である．これに関して後の問いに答えよ．

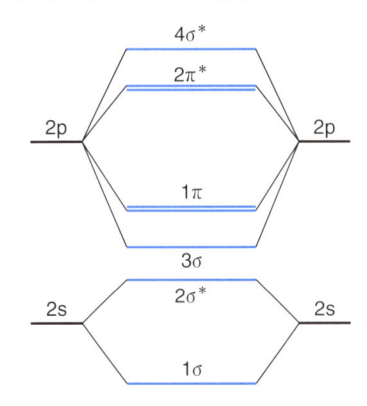

a) 図を用いて基底状態の O_2 分子と F_2 分子の電子配置を示せ．

b) 図中の 3σ の分子軌道の形を模式的に描くと右のようになる．これにならって，1π と $4\sigma^*$ の分子軌道の形を模式的に描け．

c) O_2（酸素分子），O_2^-（超酸化物イオン），O_2^{2-}（過酸化物イオン）の結合次数を求めよ．

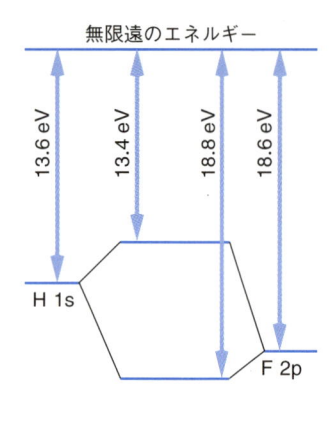

2・2

図は HF の分子軌道のエネルギー準位を表したものである．これに関してつぎの問いに答えよ．

a) 水素原子とフッ素原子のイオン化エネルギーはいくらか．

b) 水素原子の 1s 軌道を ϕ_H，フッ素原子の 2p 軌道を ϕ_F と表したとき，結合性軌道ならびに反結合性軌道の分子軌道を表す波動関数として適切なものをつぎの（ア）〜（カ）から選べ．理由も述べよ．

（ア）$0.189\phi_H + 0.982\phi_F$，（イ）$0.189\phi_H - 0.982\phi_F$，
（ウ）$0.707\phi_H + 0.707\phi_F$，（エ）$0.707\phi_H - 0.707\phi_F$，
（オ）$0.982\phi_H + 0.189\phi_F$，（カ）$0.982\phi_H - 0.189\phi_F$

2・3

エチレン分子の化学結合に関するつぎの文を読んで，後の問いに答えよ．

エチレン分子では炭素原子が sp^2 混成軌道を形成している．sp^2 混成軌道の波動関数は，

$$h_1 = \frac{1}{\sqrt{3}} s + \sqrt{\frac{2}{3}} p_x \tag{1}$$

$$h_2 = \frac{1}{\sqrt{3}} s - \frac{1}{\sqrt{6}} p_x + \frac{1}{\sqrt{2}} p_y \tag{2}$$

$$h_3 = \frac{1}{\sqrt{3}} s - \frac{1}{\sqrt{6}} p_x - \frac{1}{\sqrt{2}} p_y \tag{3}$$

と表すことができる．ここで，s, p_x, p_y はそれぞれ炭素原子の 2s 軌道，$2p_x$ 軌道，$2p_y$ 軌道である．これらの混成軌道はもう一つの炭素原子および二つの水素原子と σ 結合をつくる．残りの $2p_z$ 軌道は炭素原子同士の π 結合をつくる．

エチレンの二つの炭素原子の $2p_z$ 軌道をそれぞれ ϕ_1, ϕ_2 と表そう．これらの π 結合を表す分子軌道 Ψ を二つの $2p_z$ 軌道の線形結合とみなす．すなわち，

$$\Psi = C_1\phi_1 + C_2\phi_2 \tag{4}$$

である．ここで，C_1, C_2 は定数であり，それぞれの原子軌道の分子軌道への寄与の割合を表す．分子軌道はシュレーディンガー方程式

> エチレンの混成軌道については例題 2・3b) の解答を参照．
>
> ここでは，式 (4) のように，いくつかの関数 ϕ_i の定数倍を足し合わせたものを線形結合という．

を満たす。E は分子軌道を占める1個の電子の全エネルギーである。ϕ_1 と ϕ_2 は $2p_z$ 軌道であるから実関数であり、C_1 と C_2 も実数とすれば Ψ も実関数であるが、以下では一般性を意識して Ψ の複素共役 Ψ^* などを用いて表現する。式 (5) の両辺に Ψ^* をかけて、

$$HΨ = EΨ \tag{5}$$

$$\int \Psi^* H \Psi \, d\tau = \int \Psi^* E \Psi \, d\tau \tag{6}$$

の積分を考えると、

$$C_1^2 \int \phi_1^* H \phi_1 d\tau + C_1 C_2 \left(\int \phi_1^* H \phi_2 d\tau + \int \phi_2^* H \phi_1 d\tau \right) + C_2^2 \int \phi_2^* H \phi_2 d\tau$$
$$= \left[C_1^2 + C_2^2 + C_1 C_2 \left(\int \phi_1^* \phi_2 d\tau + \int \phi_2^* \phi_1 d\tau \right) \right] E \tag{7}$$

が得られる。ここで、$d\tau$ は微小な空間の体積で、積分は全空間にわたってとる。さらに、ϕ_1 と ϕ_2 は $2p_z$ 軌道であるからともに規格化されている。すなわち、1章の例題1・6でも述べたように、

$$\int \phi_1^* \phi_1 d\tau = \int \phi_2^* \phi_2 d\tau = 1 \tag{8}$$

である。

ところで、ここで行っているような任意の波動関数（ここでは式 (4)）を用いた計算で得られるエネルギーは、決して真のエネルギーより小さくなることはない。これを**変分原理**という。したがって、エネルギー E が最小となるように係数 C_1 と C_2 を求めれば、そのときのエネルギーが最も真の値に近いことになる。この方法を**変分法**という。この手続きを実行するまえに、式 (7) に現れた積分に対して、

$$\int \phi_1^* H \phi_1 d\tau = \int \phi_2^* H \phi_2 d\tau = \alpha \tag{9}$$

$$\int \phi_1^* H \phi_2 d\tau = \int \phi_2^* H \phi_1 d\tau = \beta \tag{10}$$

$$\int \phi_1^* \phi_2 d\tau = \int \phi_2^* \phi_1 d\tau = 0 \tag{11}$$

とおこう。α は原子軌道 ϕ_1, ϕ_2 それぞれのエネルギーを表す。また、β は ϕ_1 と ϕ_2 の空間的な重なりを反映する。このような仮定を設ける近似を**ヒュッケル法**という。

さて、エネルギーが最小（極小）になるためには、

$$\frac{\partial E}{\partial C_1} = \frac{\partial E}{\partial C_2} = 0 \tag{12}$$

一般に波動関数 Ψ は複素数の形で表されるので、f と g を実数の関数として、
$$\Psi = f + ig$$
と書くことができる。ただし、i は虚数単位である。これに対して
$$\Psi^* = f - ig$$
を Ψ の複素共役という。また、$g = 0$ のとき、Ψ は実数で表される関数である。たとえば s 軌道や p_z 軌道はそうである。実数で表現される関数を**実関数**とよぶ。

でなければならない．よって式 (7) から，

$$(\alpha - E)C_1 + \beta C_2 = 0 \tag{13}$$
$$\beta C_1 + (\alpha - E)C_2 = 0 \tag{14}$$

が得られる．C_1 と C_2 が自明でない解をもつ（すなわち，$C_1 = C_2 = 0$ とならない）条件から，エネルギー

$$E = \alpha \pm \beta \tag{15}$$

および，分子軌道を表す波動関数

$$\Psi = \frac{1}{\sqrt{2}}(\phi_1 \pm \phi_2) \tag{16}$$

が導かれる．

a) 2s 軌道，2p$_x$ 軌道，2p$_y$ 軌道はいずれも規格化されており，また，互いに直交している．混成軌道 h_1 が規格化されていること，ならびに h_1 と h_2 が互いに直交することを示せ．ここで，二つの波動関数 ϕ_A と ϕ_B があり，

$$\int \phi_A^* \phi_B d\tau = 0$$

が成り立つとき，これらの波動関数は互いに直交するという．

b) 式 (7) を導け．
c) 式 (13) および (14) を導け．
d) 式 (15) および (16) を導け．

2・4

塩化ナトリウムは図のような構造をとる**イオン結晶**である．イオン間に働く力に関して，つぎの文の空欄に適当な数字または式を入れよ．また，{ } については正しいものを選べ．

塩化ナトリウム結晶では Na$^+$ と Cl$^-$ がいずれも {単純立方・体心立方・面心立方・六方最密} 格子を組んでいる．図の中心にある Na$^+$ の最隣接には ① 個の Cl$^-$ がある．最隣接のイオン間距離を r とすると，これらの間に働くクーロン力によるポテンシャルエネルギーの総和は ② となる．ただし，Na$^+$ と Cl$^-$ の電荷をそれぞれ e，$-e$ とし，真空の誘電率を ε_0 とする．一方，中心の Na$^+$ の第二隣接には ③ 個の Na$^+$ があり，これらは ④ の距離だけ離れているので，これら Na$^+$ 同士に働く

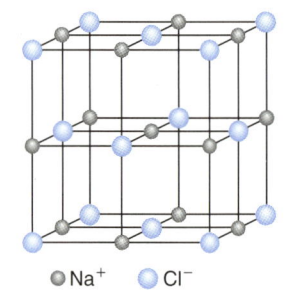

クーロン力によるポテンシャルエネルギーは ⑤ となる．同様に，第三隣接には ⑥ 個の Cl$^-$ があり，中心の Na$^+$ からの距離が ⑦ であるため，クーロンポテンシャルエネルギーは ⑧ となる．このようにして得られるクーロンポテンシャルエネルギーをすべて足し合わせると，中心の 1 個の Na$^+$ がすべてのイオンから受けるポテンシャルエネルギー E_1 が得られる．これは，

$$E_1 = -\frac{e^2}{4\pi\varepsilon_0 r}(\ ⑨\ )$$

のように無限級数の和になる．

 結晶中の Cl$^-$ に対しても同じ大きさのポテンシャルエネルギーが導かれる．よって，1 mol の NaCl ではクーロン力に基づく全ポテンシャルエネルギーは，アボガドロ定数を N_A として，

$$E = \boxed{⑩} E_1 = -\frac{N_A e^2}{4\pi\varepsilon_0 r}(\ ⑪\ )$$

である．これを

$$E = -\frac{N_A e^2}{4\pi\varepsilon_0 r} M$$

と表そう．すなわち，$M =$ ⑫ である．この無限吸収の和は一定の値に収束することが知られており，$M = 1.74756\cdots$ である．一般に，陽イオンの電荷が $Z_C e$，陰イオンの電荷が $-Z_A e$（すなわち，価数が Z_C と $-Z_A$）であるとき，クーロン力に基づくポテンシャルエネルギーは，

$$E = -\frac{N_A Z_C Z_A e^2}{4\pi\varepsilon_0 r} M$$

と表すことができる．M は**マーデルング定数**とよばれ，その値は｛結晶構造のみ・イオンの価数のみ・結晶構造とイオンの価数｝に依存する．

2・5

 例題 2・8 b) で述べたように，金属の電子構造を表すバンド構造は分子軌道の概念を拡張して理解することができる．アルカリ金属の電子配置は［希ガスの電子配置］$+ n\mathrm{s}^1$ と書くことができる．よって，アルカリ金属では $n\mathrm{s}$ 軌道から生じるバンドが伝導帯となって電気伝導が起こる．

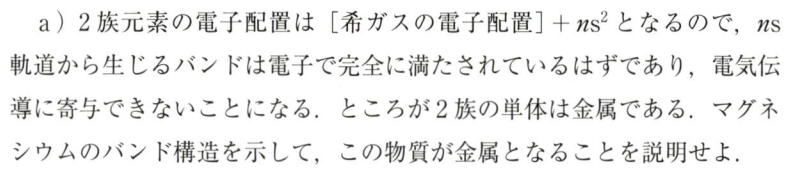

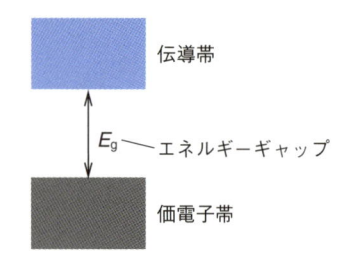

a) 2族元素の電子配置は［希ガスの電子配置］＋ns^2 となるので，ns 軌道から生じるバンドは電子で完全に満たされているはずであり，電気伝導に寄与できないことになる．ところが2族の単体は金属である．マグネシウムのバンド構造を示して，この物質が金属となることを説明せよ．

b) 半導体のバンド構造は一般に図のようになる．すなわち，完全に電子で満たされた**価電子帯**とよばれるバンドと，完全に空の状態である**伝導帯**とよばれるバンドからなる．エネルギーが価電子帯より高く伝導帯より低い状態には電子の占有が許されない．この領域は**禁止帯**とよばれる．価電子帯と伝導帯のエネルギーの差を**エネルギーギャップ**（あるいは**バンドギャップ**）という．半導体では価電子帯は電子で完全に占められているため電気伝導に寄与できない．半導体における電気伝導の機構をバンド構造に基づいて説明せよ．また，半導体の電気抵抗が温度とともにどのように変わるか述べよ．

2・6

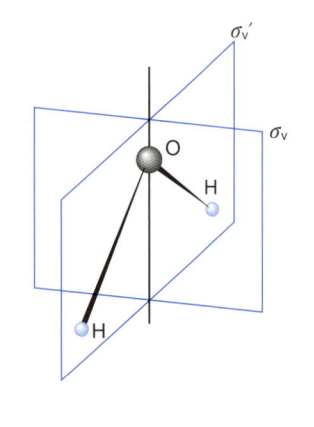

分子の構造と対称性について学ぼう．つぎの文の空欄に適当な数字を入れよ．また，{ }については正しいものを選べ．

H_2O 分子は折れ線形である．図に示すように結合角 H—O—H の二等分線を軸にして H_2O 分子を 180° 回転させると，ちょうど元の形と重なる．このように分子を構成する原子の位置が変わらないように分子を動かす過程を**対称操作**という．回転や鏡映（平面を鏡として鏡像をつくる操作）は対称操作の一つである．また，直交座標において原点を中心に点 (x, y, z) を別の点 $(-x, -y, -z)$ に移す操作も対称操作の一つで，反転とよばれる．このとき，原点を反転中心という．

対称操作を行うときの基本となる回転軸，鏡映面，反転中心などを**対称要素**という．軸のまわりの $2\pi/n$（$=360°/n$）の回転が分子の位置を変えないとき，この軸を n 回回転軸とよんで，記号 C_n で表す．したがって，H_2O は対称要素として ① 回回転軸をもつと表現できる．また，図に示すように H_2O には2種類の鏡映面が存在する．一つは酸素原子と二つの水素原子をすべて含む平面で，もう一つはこれに垂直な平面である．後者の鏡映面を σ_v と表し，前者を σ_v' と表現する．

ベンゼン C_6H_6 は正六角形の分子である．ベンゼンは対称要素として ② 本の C_6 軸, ③ 本の C_3 軸, ④ 本の C_2 軸をもつ．ただし, C_6 軸（ ⑤ 度の回転）と C_3 軸（ ⑥ 度の回転）では時計回りと反時計回りの2通りを区別することに注意しよう．また，鏡映面は分子そのものを含む平面が一つあり，これに垂直な鏡映面が ⑦ 個存在する．分子を含む鏡映面は σ_h と表現される．また，分子の面に垂直な鏡映面のうち，2個の炭素原子を含む面を σ_v, 炭素原子同士の結合の中点を通る面を σ_d と表す．σ_v は ⑧ 個, σ_d は ⑨ 個存在する．

メタン CH_4 は正四面体であり，回転軸として ⑩ 本の C_2 軸と ⑪ 本の C_3 軸をもつ．さらに，鏡映面は ⑫ 個ある．

H_2O, ベンゼン，メタンのうち，反転中心をもつ分子は，{ H_2O のみ，ベンゼンのみ，メタンのみ，H_2O とベンゼン，H_2O とメタン，ベンゼンとメタン } である．

3 物質の状態

　物質は，**固体**，**液体**，**気体**の三つの状態をとることができる．これらを**物質の三態**という．固体，液体，気体の微視的な構造，化学結合，性質は互いに大きく異なる．物質がどの状態で存在するかは温度や圧力によって決まる．構造と性質の観点から液体と固体の中間的な状態として液晶とガラスが知られている．固体の大部分は結晶であり，実用的に利用されているものも多い．

1. 状態図

　物質の三態と温度ならびに圧力の関係を表した図を**状態図**という．図は二酸化炭素 CO_2 の状態図であり，固体（固相），液体（液相），気体（気相）が安定に存在する温度と圧力の領域と，それらの境界が示されてい

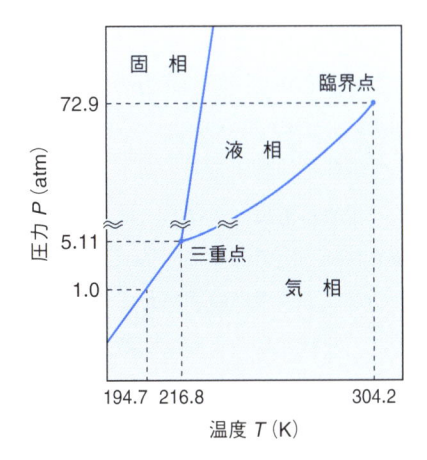

る．たとえば固相と書かれた領域ではドライアイスの状態が最も安定である．境界線上ではそれによって隔てられた二つの相が共存する．固相，液相，気相すべてが共存する温度と圧力はただ一つに決まり，状態図では点で表される．この点を**三重点**という．また，温度と圧力が十分に高くなると，液相と気相の区別がつかない状態が現れる．図中の**臨界点**と書かれた点の温度と圧力を超えると，このような状態となる．これを**超臨界流体**という．

2. 気体の構造と性質

最も単純化した気体のモデルでは，気体分子間に相互作用がなく，分子そのものも十分に小さく，その大きさは無視できると考える．このような理想化された気体は**完全気体**または**理想気体**とよばれる．一方，実際に世の中に存在する気体では多かれ少なかれ分子間には相互作用が働き，分子の大きさも無視できない．このような気体は**実在気体**とよばれる．いずれの場合にも気体分子は活発に動き回っており，分子が容器の壁に衝突して生じる力（単位面積当たり）が圧力となって現れる．

3. 液体の構造と性質

液体では分子や原子の間に相互作用が働く結果，気体と比べると分子（原子）の自由な運動は制限される．すなわち，液体を構成する分子（原子）同士は**分子間力**によって結び付けられている．この力は固体における化学結合ほど強固なものではないため，液体は流動性をもち，その形を自由に変えることができる．しかし，分子間力のために気体ほど大きな体積に広がることはできない．

一定の圧力のもとで液体を加熱すると，ある温度で液体の内部から気体が発生し始める．この現象は**沸騰**とよばれ，沸騰が起こる温度を**沸点**という．逆に液体を冷却すれば一定の温度で固体（結晶）に変わる．この現象は凝固であり，凝固の起こる温度は**凝固点**とよばれる．逆に固体から液体への変化は融解であり，融解の起こる温度が**融点**である．凝固点と融点は等しい．

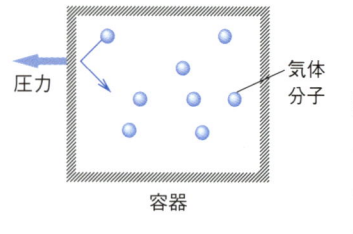

4. 固体の構造と性質

固体は**結晶**と**非晶質固体（ガラス）**に大別できる．結晶では原子やイオンが整然と規則正しく並んでいる．配列の仕方は原子やイオンの種類および組合わせに依存して変化する．それに応じて無数の種類の結晶が存在する．結晶における原子の配列の一例を下図に示す．対照的に非晶質固体では原子の配列は不規則である．また，固体は電気伝導や磁性など個々の物質に特徴的な多様な性質を示す．固体の性質には私たちの生活に生かされているものも多い．

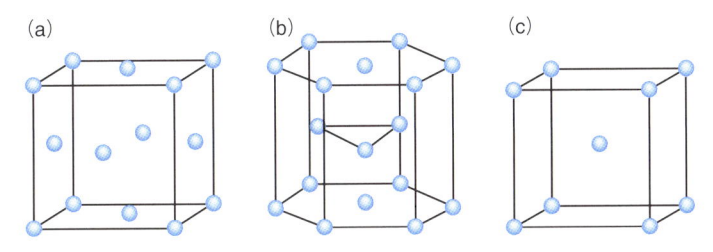

立方最密構造（a），六方最密構造（b），体心立方構造（c）

例題 3・1　状態図と相変化

a）下図は水 H_2O の状態図である．これに関するつぎの文の空欄に適当な語句または数値を入れよ．

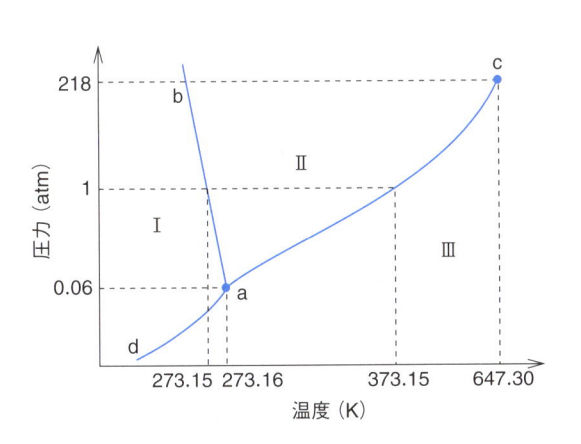

氷は温度と圧力に依存してさまざまな構造をとる．圧力が 2000 atm を超えるあたりから，いろいろな氷の相が現れる．

3本の実線（ab, ac, ad）で区切られた三つの領域 I, II, III において安定な状態はそれぞれ，①，水，② であり，曲線 ab 上では ③ と水が共存し，曲線 ac 上では水と ④ が共存する．圧力が 1 atm で温度によらず一定となる直線を引けば，この直線と曲線 ab および ac が交わる点の温度が 1 atm での ⑤ ならびに ⑥ である．氷，水，水蒸気すべてが共存できる領域は図の ⑦ で表され，⑧ とよばれる．このときの温度は ⑨ K，圧力は ⑩ atm であり，これらの値は H_2O に固有のものである．また，点 c は ⑪ とよばれ，この点より温度と圧力が高くなると水と水蒸気の ⑫ が等しくなるため両者が均一に混ざり合い，互いの区別がつかなくなる．この状態を ⑬ といい，このときの温度を ⑭ とよぶ．

b）水の状態図に関連するつぎの記述のうち，誤っているものはどれか．

① 圧力を上げると水の凝固点は下がる．
② 氷は昇華しない．
③ 曲線 ab は融解曲線とよばれる．
④ 標高 2000 m の山頂では，水の沸点は 100°C より高い．
⑤ 地球の内部では，温度が 100°C を超える高温水が存在する．

解答

a）① 氷，② 水蒸気，③ 氷，④ 水蒸気，⑤ 融点（または凝固点），⑥ 沸点，⑦ 点 a，⑧ 三重点，⑨ 273.16，⑩ 0.06，⑪ 臨界点，⑫ 密度，⑬ 超臨界流体，⑭ 臨界温度

解説 状態図において一つの相のみが存在する領域（たとえば領域 I）では温度と圧力を独立に変えることができる．また，二つの相が共存する領域（たとえば曲線 ab 上）では，温度が決まれば圧力が決まり，逆に圧力が決まれば温度が決まる．つまり，自由に変えられる物理量は温度か圧力のどちらか一方のみである．さらに，三つの相が共存する領域（三重点，点 a）では温度も圧力も一定で変えることができない．このように相の数が増えるに従い，変化させられる物理量の数（これを変数の自由度と

一般に，成分の数が c，相の数が p のときに系がとりうる自由度 f は，
$$f = c - p + 2$$
で与えられる．これを**ギブズの相律**という．たとえば，H_2O の三重点では，成分は H_2O のみで $c=1$，相の数は $p=3$ であるから $f=0$ となって，圧力も温度も自由に変えることはできない．

いう）は減少する．

　b）誤っているものは②，④．

解説　曲線 ab は融解曲線または溶融曲線，曲線 ac は蒸発曲線または蒸気圧曲線，曲線 ad は昇華曲線とそれぞれよばれる．圧力が変化するときの水の凝固点は曲線 ab に沿って変化する．この曲線は右下がりであるから，圧力が上がれば凝固点は点 a から点 b に向かって減少する．融解曲線が右下がりになるという事実は，氷が水に浮くという現象と大いに関係している．まず，水と氷の系では圧力が上がれば融点（凝固点）が下がるのだから，圧力が高い状態では水のほうが氷より安定である．一方，圧力が高くなれば体積は減少するので，同じ物質量の水と氷を比較すると，高い圧力で安定な水のほうが体積は小さいことになる．いい換えれば水の密度は氷より大きい．よって，氷は水に浮く．

　圧力が 0.06 atm（三重点での圧力）より低ければ，氷を加熱すると曲線 ad（昇華曲線）をまたいで水蒸気に変わるため，氷は昇華する．また，圧力が 1 atm で一定となる曲線（図中の 1 atm を通る横軸に平行な破線）が曲線 ac と交わる点の温度は 100°C（373.15 K）で，これが水の 1 atm（常圧）における沸点である．曲線 ac が右上がりであることから，圧力が 1 atm より低くなると水の沸点は 100°C 以下になり，逆に高くなると 100°C 以上になる．標高の高い山の頂では圧力が低いため水の沸点は 100°C より低くなり，逆に地球の内部では圧力が高いため水の沸点は 100°C を超える．

前出の CO_2 の状態図では融解曲線 ab が右上がりになっていることに注意しよう．一般的な液相と固相の関係は CO_2 の場合と同じで，むしろ水は例外である．

※※

例題 3・2　液体の性質と蒸気圧曲線

　a）つぎの文の空欄に適当な語句を入れよ．また，{　　}については正しいものを選べ．

　図のように容器に液体が入っている．液体の分子は他の分子から ① を受けながら常に動き回っている．温度を上げると，分子は液体の表面から外部に飛び出し，気相に移る．この現象を ② という．逆に温度を下げると，気相中の分子が液相に移る．これは ③ とよばれる．温度が一定の平衡状態では液相から気相へ移る分子の速度が気相から液相に戻

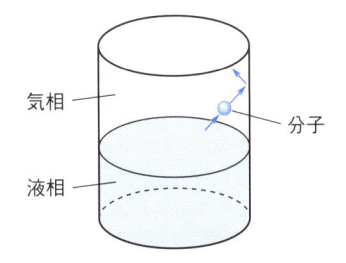

る分子の速度［と等しく・より速く・より遅く］なる．この状態で気相中の分子が容器の壁に当たって示す圧力を ④ という． ⑤ が外圧（一般には大気圧）に等しくなった状態が ⑥ であり，その温度を ⑦ という．

b) 下図は，水，エタノール，ジエチルエーテルの蒸気圧曲線である．いずれの物質でも温度が上がると蒸気圧は高くなる．この理由を述べよ．また，一定の温度での蒸気圧を比べると，ジエチルエーテル＞エタノール＞水の順に低くなる．この理由を述べよ．

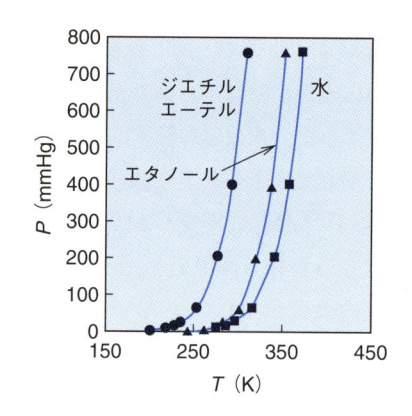

沸点は圧力に依存して変化する．特に 1 atm の圧力下での沸点を標準沸点というが，単にこれを沸点とよぶことも多い．

分子内に電荷の正負の偏りが生じる性質を**極性**という．極性をもつ分子には永久双極子が現れる（2章の解説 4 および例題 2・2 を参照）．

解答！

a) ① 分子間力，② 蒸発，③ 凝縮，④ 蒸気圧，⑤ 蒸気圧，⑥ 沸騰，⑦ 沸点．｛と等しく・より速く・より遅く｝

b) 温度が高くなるほど液体を構成している分子の運動が活発になり，液体中での分子間力に打ち勝って外部に飛び出す分子の割合が増え，同時に分子の速度も増加するため蒸気圧は高くなる．

一定温度での蒸気圧は物質によって異なり，分子間力が弱いほど液相から外部に飛び出す分子の数と速度が増加するため蒸気圧は高くなる．水，エタノール，ジエチルエーテルのうち，水分子間には強い水素結合が働くため最も蒸気圧が低く，逆にジエチルエーテルはほとんど極性をもたないため分子間力が弱く，蒸気圧は高い．エタノール分子同士にも水素結合が働くが水分子ほど強くないため蒸気圧は中間的な値となる．

例題 3・3　気体の性質

a) つぎの文の空欄に適当な語句，数値，式を入れよ．

物質量が n mol の理想気体が温度（絶対温度）T において体積 V を占めているとき，気体の示す圧力 P と V および T との間には，

$$\boxed{①} \tag{1}$$

の関係が成り立つ．これを**理想気体の状態方程式**という．R は $\boxed{②}$ とよばれ，$R = 8.314$ J K^{-1} mol^{-1} = 0.0821 atm dm^3 K^{-1} mol^{-1} の値をとる．一方，実在気体では，温度，体積，圧力の関係は式 (1) から逸脱する．下図は横軸に圧力 P，縦軸に PV/nRT をとってさまざまな実在気体に対して両者の関係を示したものである．

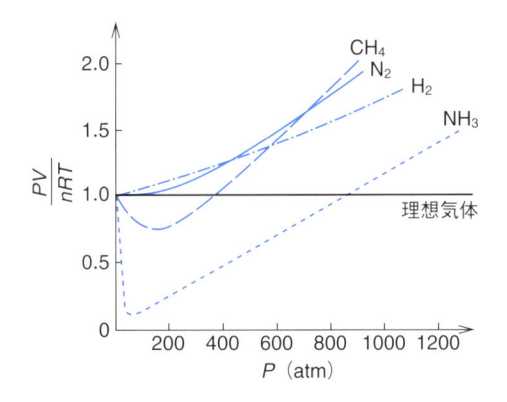

式 (1) からわかるように，理想気体では圧力によらず縦軸の値は，

$$\frac{PV}{nRT} = \boxed{③} \tag{2}$$

と一定である．実在気体はいずれも式 (2) の関係から外れている．実在気体では $\boxed{④}$ が存在し，分子の $\boxed{⑤}$ も無視できないため，理想気体の状態方程式には従わない．圧力が十分に低く $P \to 0$ になると，すべての実在気体において，

$$\frac{PV}{nRT} = \boxed{⑥} \tag{3}$$

となる．すなわち，実在気体の挙動は $\boxed{⑦}$ に近づく．これは，$P \to 0$ の極限では気体分子の数密度が十分に小さく，分子が運動する速度も遅い

状態であるため，⑧ ならびに分子の ⑨ が無視できることを表している．逆に圧力が十分に高い領域は気体分子の数密度が非常に大きく，速度も速い状態に対応するため，一つの分子の運動に対して他の分子の ⑩ が無視できないようになり，気体は圧縮されにくくなる．つまり ⑪ を大きく保とうとするため，式 (3) の代わりに，

$$\boxed{⑫} \qquad\qquad (4)$$

という関係が観察される．

b) 理想気体に対して，圧力と体積の関係，温度と体積の関係，温度と圧力の関係を下図に書き込め．

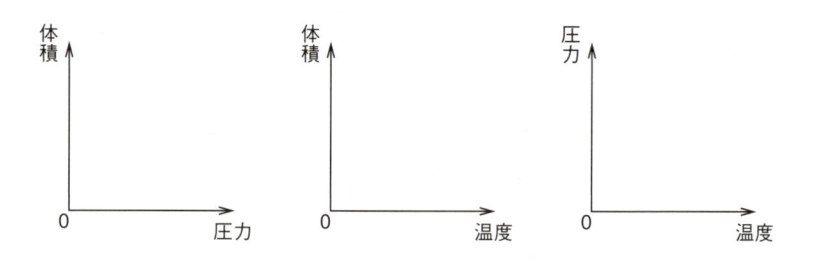

解答!

a) ① $PV=nRT$, ② 気体定数, ③ 1, ④ 分子間力, ⑤ 体積, ⑥ 1, ⑦ 理想気体, ⑧ 分子間力, ⑨ 体積, ⑩ 体積, ⑪ 体積, ⑫ $PV/nRT > 1$

b) それぞれの関係は下図のようになる．

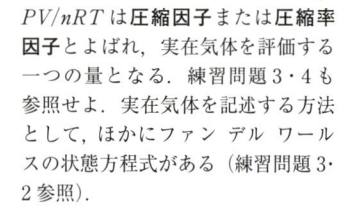

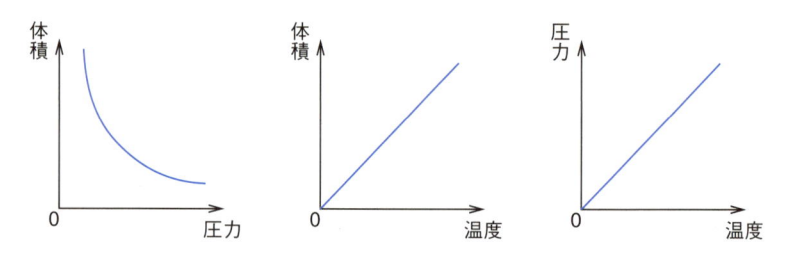

PV/nRT は **圧縮因子** または **圧縮率因子** とよばれ，実在気体を評価する一つの量となる．練習問題 3・4 も参照せよ．実在気体を記述する方法として，ほかにファン デル ワールスの状態方程式がある（練習問題 3・2 参照）．

解説
一定温度では理想気体の体積は圧力に反比例する．これを **ボイルの法則** という．グラフに示されたような温度一定の曲線は等温線とよばれる．また，圧力が一定であれば，理想気体の体積は絶対温度に比例する．これを **シャルルの法則** という．さらに，体積が一定であれば圧力は温

3. 物質の状態　57

度に比例する．これはシャルルの法則の別の表現である．

****

例題 3・4　気体の分子運動論

a) つぎの文の空欄に適当な数値または式を入れよ．

体積が V の容器の中に理想気体が入っている．気体分子の個数が N, 気体分子1個の質量が m であり，分子の平均2乗速さ（気体分子の速さの2乗の平均値）が $\langle v^2 \rangle$ であれば，この気体が示す圧力 P は，

$$P = \frac{Nm\langle v^2 \rangle}{3V} \tag{1}$$

で与えられることが知られている（練習問題3・5参照）．この気体の物質量が n であれば，アボガドロ定数を N_A として $N = \boxed{①}$ であるから，

$$P = \boxed{②}$$

と表される．さらに，気体分子のモル質量が M であれば，$M = \boxed{③}$ であるから，

$$P = \boxed{④} \tag{2}$$

となる．一方，理想気体の状態方程式から，

$$P = \frac{nRT}{V} \tag{3}$$

が得られる．ただし，R は気体定数，T は温度である．式(2) と式(3) から，根平均2乗速さ v_m は，R, T, M を用いて，

$$v_m = \sqrt{\langle v^2 \rangle} = \boxed{⑤} \tag{4}$$

で与えられることになる．

具体的な例をあげてみよう．ヘリウムの原子量は 4.00，アルゴンの原子量は 39.9 である．300 K において，ヘリウム原子の平均の速さはアルゴン原子の $\boxed{⑥}$ 倍となる．また，温度が 600 K に上昇したとき，ヘリウム原子の平均の速さは 300 K のときと比べて $\boxed{⑦}$ 倍になる．ただし，これらの条件でヘリウムおよびアルゴンは理想気体であるとする．

b) 右図は，気体分子の速さの分布を模式的に表したものである．図中の A，B，C の分布のうち，①最も温度の低い状態，②最も分子の質量の小さい気体，に対応する分布はどれか．

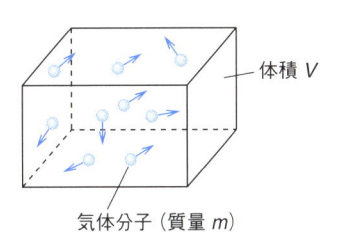

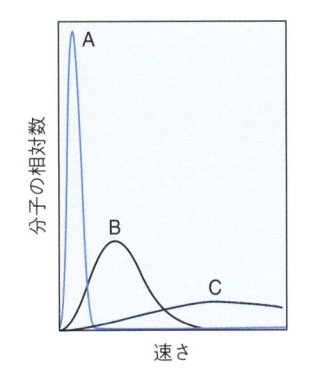

容器に閉じ込められた気体の分子が運動するときの速さは，分子の質量が大きいほど遅くなり，温度が高いほど（熱エネルギーが大きいほど）大きくなる．このことは直感的に理解できるであろう．本設問で導かれる結果から，定量的には，分子の平均の速さ（正確には速さの2乗の平均値の平方根）は分子の質量の平方根に反比例し，温度の平方根に比例することがわかる．

解答

a) ① nN_A, ② $\dfrac{nN_A m\langle v^2\rangle}{3V}$, ③ $N_A m$, ④ $\dfrac{nM\langle v^2\rangle}{3V}$, ⑤ $\sqrt{\dfrac{3RT}{M}}$, ⑥ 3.16, ⑦ 1.41

解説 ヘリウムとアルゴンに対する具体的な計算過程はつぎの通りである．理論的に得られた結論 $v_m = \sqrt{3RT/M}$ を用いよう．300 K におけるヘリウム原子の平均の速さを v_1，アルゴン原子の平均の速さを v_2，600 K におけるヘリウム原子の平均の速さを v_3 とすると，

$$v_1 = \sqrt{\dfrac{3R \times 300}{4.00}}, \quad v_2 = \sqrt{\dfrac{3R \times 300}{39.9}}, \quad v_3 = \sqrt{\dfrac{3R \times 600}{4.00}}$$

であるから，ヘリウムとアルゴンの平均の速さの比は，

$$\dfrac{v_1}{v_2} = \sqrt{\dfrac{39.9}{4.00}} = 3.16$$

であり，600 K における平均の速さと 300 K における平均の速さの比は，

$$\dfrac{v_3}{v_1} = \sqrt{\dfrac{600}{300}} = 1.41$$

となる．

b) ① A, ② C

解説 a) から明らかなように，温度が高く，分子の質量が小さいほど分子の速さは大きくなる．よって，図中の A は最も温度が低いか，分子の質量が大きい状態，C は最も温度が高いか，分子の質量が小さい状態，B はそれらの中間的な状態に対応している．定量的には，速さが v と $v + dv$ の間にある気体分子の数の割合 dN/N は，

$$\dfrac{dN}{N} = 4\pi \left(\dfrac{M}{2\pi RT}\right)^{\frac{3}{2}} v^2 \exp\left(-\dfrac{Mv^2}{2RT}\right) dv$$

で表されることが知られている．これを**マクスウェル分布**という．

マクスウェル（J. C. Maxwell）は熱力学，統計力学，電磁気学などの分野で多くのすぐれた理論を導いた19世紀のイギリスの著名な物理学者である．

****

例題 3・5 気体から液体への相転移

a) つぎの図のようにピストンの付いたシリンダーの内部に CO_2 が気体の状態で入っている．ここでは，温度が一定（20°C）の条件でピスト

ンをゆっくりと押して内部の体積を減少させる過程が図示されている．この変化に関するつぎの記述のうち，誤っているものはどれか．

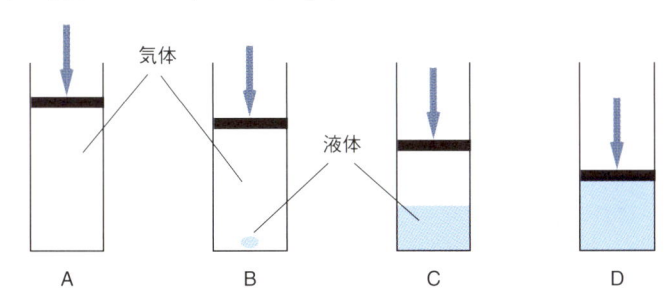

① 段階Cにおける気体の圧力は，共存する液体の蒸気圧である．
② 段階Cでは容器内の体積の減少にともない圧力は増加する．
③ 段階AとDを比較すると，一定の体積変化にともなう圧力の変化はAのほうが大きい．
④ 温度が変われば，液相が現れ始めるとき（段階B）の体積と圧力も変わる．
⑤ 臨界温度以上では，段階Cにおいて液相と気相の境界が不明瞭になる．

b) a)での変化を，横軸に体積，縦軸に圧力をとって，各段階の様子がわかるように模式的にグラフに表せ．

解答

a) 誤っているものは ②，③．

解説 はじめに気体の体積が減少するにつれて圧力は増加する（段階A）．ある圧力に達すると気体の一部が液体に変わる（段階B）．さらにピストンを下げていくと液体の体積は増加し，ついにはすべての気体が液体に変化する（段階D）．途中の段階Cでは体積の減少分はすべて相の変化が担うので，この段階での圧力は一定である．このときの圧力は，操作を行っている温度で液体が示す蒸気圧に等しい．また，気体と液体では気体のほうが圧縮されやすく，一定の圧力変化にともなう体積の変化は気体のほうが大きい．逆に，一定の体積変化にともなう圧力の変化は気体のほうが小さい．つまり，段階AとDを比較すると，体積変化にともなう圧力

の変化はAのほうが小さい．

　異なる温度で同様の変化を観察すれば，各段階に至る体積や圧力が変わる．また，温度が高くなり超臨界状態になると，気相と液相の共存する状態（段階C）において両相の区別がつかなくなる．CO_2の場合，臨界温度は31.0℃である．

温度が臨界温度に等しいとき，段階Cにおいて液相と気相は区別がつかなくなり，蒸気圧に相当する一定圧力の領域がなくなるため，図の破線のような挙動となる．

b）下図の実線である．点A〜Dは問題で述べられている段階A〜Dに相当する．

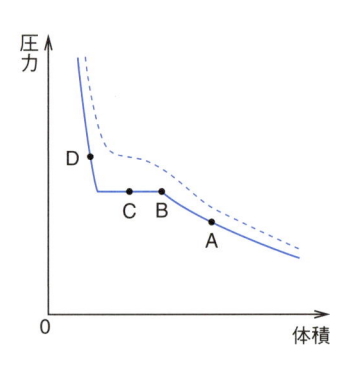

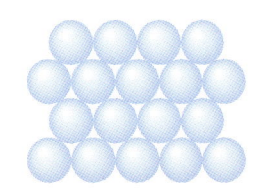

***

例題3・6　固体の構造と性質

ケイ素に少量のリンを加えるように，結晶に少量の不純物を添加する操作を**ドーピング**という．

a）金属の結晶構造は，大きさのそろった変形しない硬い球を密に並べる方法でモデル化することができる．図のように平面に球を密に並べた状態がある．これに球を積み重ねて最密構造をつくる方法は2種類ある．それらを図示せよ．

b）ケイ素は今日の半導体産業を支える重要な物質である．ケイ素に少量のリンを加えて作製した結晶では，一部のSi原子がP原子に置き換えられている．価電子の数と化学結合の数を考えることにより，この結晶が高い電気伝導率を示す理由を述べよ．

c）ケイ素に少量のホウ素を加えて作製した結晶でも電気伝導率は高くなる．この場合，どのような機構を考えればよいか．

解 答

a) 図参照.

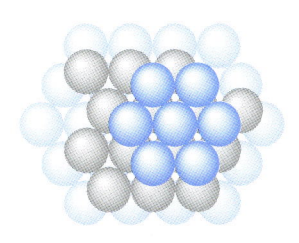

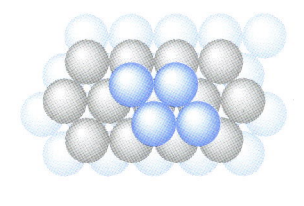

解説 左右の図において，2層目の球の1層目の球に対する相対的な配列は同じであるが，3層目については，3層目の球が1層目の球の真上にくる場合（左図）と，ずれる場合（右図）とがある．前者が六方最密構造，後者が立方最密構造である．

b) ケイ素の結晶では Si 原子が4個の価電子を使って四つの共有結合をつくっているが，P 原子の価電子は5個であるため，そのうちの4個が Si 原子との結合に使われると1個の電子が余る．この過剰な電子が結晶中を流れるため，電気伝導率は高くなる．

c) B 原子の価電子は3個である．よって，4個の Si 原子と四つの共有結合をつくるためには電子が1個足りない．したがって，共有結合をつくる分子軌道には空軌道が生じる．これは，電子によって満たされた軌道に正電荷をもった粒子，すなわち**正孔**が存在する状態である．この正孔が移動することにより電気伝導が起こる．

ケイ素に少量のリンが加えられた結晶のように，過剰の電子が電荷を運ぶ担い手となる半導体を"n 型半導体"という．一方，ケイ素に少量のホウ素が添加された結晶のように，正電荷の正孔による電気伝導が起こる半導体を"p 型半導体"とよぶ．

正孔については，練習問題 2・5 の解答の補足を参照．

練 習 問 題

3・1

窒素と酸素の混合気体があり，それぞれのモル分率は 0.80 ならびに 0.20 である（ほぼ空気の組成に等しい）．この混合気体が理想気体であると仮定して，1.00 mol の混合気体が 300 K において 25.0 dm^3 の体積を占めている場合に，窒素と酸素のそれぞれの分圧を計算せよ．

3・2

実在気体の状態方程式の一つに,ファン デル ワールスの状態方程式がある.これはつぎのように表される.

$$\left(P + \frac{n^2 a}{V^2}\right)(V - nb) = nRT$$

a) つぎの文の空欄に適当な語を入れよ.

ファン デル ワールスの状態方程式は理想気体の状態方程式に補正を加えることで得られる.上の式で,a, b はそれぞれ,　① 　ならびに　② 　による補正を反映する.

b) アルゴンでは,$a = 1.363$ atm dm^6 mol^{-2}, $b = 3.219 \times 10^{-2}$ dm^3 mol^{-1} である.アルゴンがファン デル ワールスの状態方程式に従うとして,400 K で 0.300 dm^3 を占める 1.00 mol のアルゴンが示す圧力を計算せよ.また,アルゴンが理想気体であると仮定して,同じ条件でアルゴンが示す圧力を計算せよ.

3・3

例題 3・3 の a) に示した圧縮因子と圧力の関係について考えよう.図中の水素は $P = 0$ で $PV/nRT = 1$ となり,圧力が増せば圧縮因子は単調に増加するが,メタンやアンモニアでは圧力が増せば圧縮因子はいったん低下する.メタンやアンモニアで $PV/nRT < 1$ となる領域が見られるのはなぜか.例題 3・3 の a) にならって説明せよ.

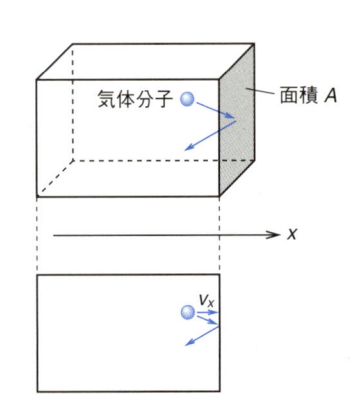

3・4

気体の分子運動論に関する例題 3・4 の a) で最初に示した式 ($P = Nm\langle v^2 \rangle / 3V$) を導いてみよう.つぎの文の空欄に適当な数字または式を入れよ.

図のように,直方体の容器の中に気体分子が閉じ込められている状態を考えよう.内部の気体分子が壁と衝突すると,これは圧力として観察される.分子の質量を m とし,その大きさは無視できるとして,図に示すように壁との衝突で x 軸方向の速度のみが向きを変えるとする.衝突で運動エネルギーは保存される(すなわち,弾性衝突である)としよう.衝突前

の速度の x 成分が v_x であれば，気体分子の運動量は，衝突にともなって ① だけ変化する．

つぎに，ある一定の時間 Δt の間に壁と衝突する分子の数を計算しよう．v_x の速度成分をもつ分子は，Δt の時間内に x 軸に沿って ② の距離だけ進むことができるから，分子が衝突する壁の面積を A とすると，③ の体積内で壁に向かって進んでいる分子のみが Δt の時間内に壁と衝突する．容器の体積が V，気体分子の数が N であれば，考えている領域内で壁に向かう分子と壁から遠ざかる分子の数は等しいから，時間 Δt の間に壁と衝突する分子の数は ④ となる．よって，時間 Δt における気体分子の運動量の変化 Δp は，

$$\Delta p = \boxed{⑤}$$

で与えられる．したがって，気体分子の衝突で壁が受ける力 F は，

$$F = \boxed{⑥}$$

となる．圧力は単位面積当たりの力であるから，m, v_x, N, V を用いて，

$$P' = \boxed{⑦}$$

と表されるが，分子の速度 v_x はすべて同じではないから，その平均値 $\langle v_x^2 \rangle$ で置き換えると，圧力 P は，

$$P = \boxed{⑧} \qquad (1)$$

と表現される．

同様の計算は y 軸および z 軸に垂直な壁と衝突する分子についても行える．気体の分子は無秩序に運動しているから，x 軸方向の平均の速さは y 軸方向および z 軸方向の平均の速さと等しい．つまり，

$$\langle v_x^2 \rangle = \langle v_y^2 \rangle = \langle v_z^2 \rangle$$

である．また，分子の速さ v に対して，

$$v^2 = v_x^2 + v_y^2 + v_z^2$$

が成り立つから，平均 2 乗速さは，

$$\langle v^2 \rangle = \boxed{⑨} \langle v_x^2 \rangle \qquad (2)$$

となる．式 (2) を式 (1) に代入すると，

$$P = \frac{Nm\langle v^2 \rangle}{3V}$$

が導かれる．

4 化学熱力学

　熱力学では，エネルギー，温度，圧力などの観点から物質の状態や反応を考察する．重要な概念にエンタルピー，エントロピー，自由エネルギーがある．自由エネルギーは，対象とする化学反応や物理変化が自発的に起こるかどうかを決定する．反応は自由エネルギーの減少する方向に進む．平衡状態では，自由エネルギーが極小で一定値になる．

1. エネルギーと熱力学第一法則

　化学エネルギー，熱エネルギー，電気エネルギーなどエネルギーの形態はさまざまであり，たとえば火力発電では運動エネルギー（タービンの運動）が電気エネルギー（電力）に変換されるように，一つのエネルギーの形態が他のエネルギーの形態に変化することはよく見られる．しかし，その場合でもエネルギーの大きさは変わらない．つまり，どのような変化が起ころうとも常にエネルギーは保存される．これを**熱力学第一法則**という．

　化学反応や物理変化など，対象としている現象が起こる自然界の特定の一部分を**系**という．系以外の外側の領域は**外界**とよばれる．たとえばシリンダーに気体を入れピストンで押して圧縮する過程を考えるとき，容器の内部が一つの系であり，外部は外界と考えられる．系には，外界との物質およびエネルギーのやりとりの関係から**開放系**，**閉鎖系**，**孤立系**の三つがある（例題4・1参照）．

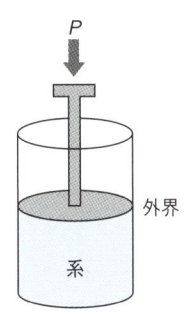

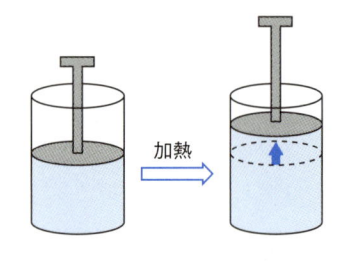

2. 内部エネルギーとエンタルピー

　系が外界とやりとりするエネルギーの形態として**熱**と**仕事**がある．たとえば先にも述べた気体の入ったピストン付のシリンダーの例では，これを加熱すると気体が膨張してピストンを持ち上げる（図参照）．この過程で気体はピストンを持ち上げるという仕事を"した"ことになる．逆に外から力を加えて気体を圧縮すれば気体は仕事を"された"ことになる．このように系に熱が加えられたり仕事をされたりすると系のエネルギーは増加する．系が潜在的にもつエネルギーを**内部エネルギー**といい，Uで表す．熱力学第一法則から，内部エネルギーの増加分 ΔU は系に与えられた熱 Q と"なされた"仕事 W の和である．

$$\Delta U = Q + W$$

　例題4・2で学ぶように，内部エネルギーの変化は定容変化において系に出入りする熱に等しい．一方，定圧過程では系に出入りする熱は系の**エンタルピー**変化に等しい．実際の化学反応や相変化は一定圧力下で取扱われることが多いので，これらを考察するうえでエンタルピーがよく用いられる．

3. 状態量

　系は外界とエネルギーや物質をやりとりすることによって一つの平衡状態に落ちつく．内部エネルギーやエンタルピーは，平衡状態が一つに決まればそれに対応した値が決定される．このように物質の状態のみに依存して決まる物理量を**状態量**という．圧力，体積，温度なども状態量である．さまざまな化学反応や物理変化では，最初の状態と最後の状態が決まれば

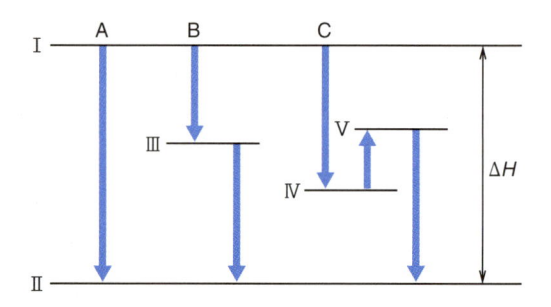

その過程にともなう状態量の変化は経路に関係なく決まる．たとえば，図で状態Ⅰから状態Ⅱへの変化にともなうエンタルピー変化 ΔH は，変化がⅠからⅡへ直接起ころうと，途中に別の状態（Ⅲなど）を経ようと一定である．

化学反応では反応熱は反応物と生成物の状態で決まり，途中の経路によらない．これを**ヘスの法則**という．

4．エントロピーと熱力学第二法則

エントロピーは乱雑さや無秩序の程度を表す物理量である．無秩序な状態になればなるほど，エントロピーは大きくなる．自然界でひとりでに起こる反応や変化は，規則的な状態から乱雑な状態へ向かって進む．たとえばコップの中の水に1滴のインクを落とすと，十分に長い時間が経てばインクはコップ全体に広がって水全体が着色する．しかし，いくら待ってもこの状態から1滴のインクと元の水の状態に分かれることはない．つまり，自発的な変化はエントロピーの増大する方向に進む．これを**熱力学第二法則**という．

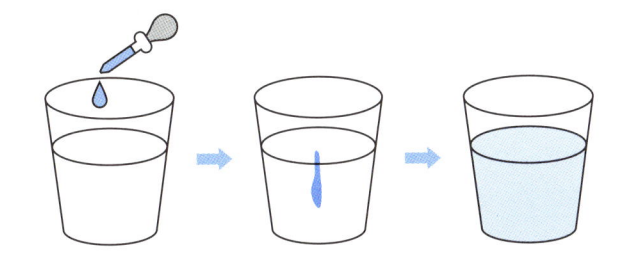

5．反応の方向

前述のとおり，自然界で起こる自発的な変化や反応はエントロピーが増加する方向に進む．注意すべきことは，系のエントロピーが減少しても，それを上回るエントロピーの増加が外界で起これば，系の反応は自発的に進行する点である．図に示すように，外界のエントロピーを決めるのは，系の反応の結果として生じる外界の熱の変化である．外界のエントロピーが増加するためには，外界が系から熱を受取らなければならないので，系のエンタルピーは減少しなければならない．つまり，系のエントロピーが減少しても，同時にエンタルピーが減少し，それによる外界のエントロピーの増加分が系のエントロピーの減少分を上回れば，系の反応は自発的

図中の ΔS と ΔH は系のエントロピーおよびエンタルピーの変化,ΔS_{sur} は外界のエントロピー変化,ΔS_{total} は系と外界を合わせた全エントロピー変化である.エントロピーの定義については,例題 4・6 を参照.

に進む.

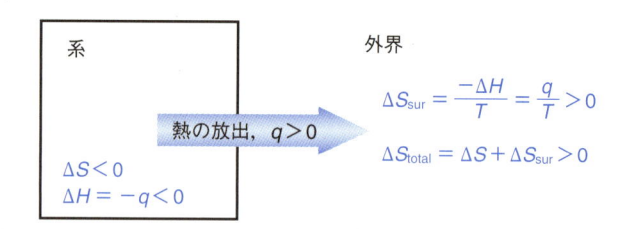

系: $\Delta S < 0$, $\Delta H = -q < 0$
熱の放出,$q > 0$
外界: $\Delta S_{sur} = \dfrac{-\Delta H}{T} = \dfrac{q}{T} > 0$
$\Delta S_{total} = \Delta S + \Delta S_{sur} > 0$

6. 自由エネルギー

上で述べたことから,系の反応の方向を決めるのはエントロピー変化 ΔS とエンタルピー変化 ΔH であることがわかる.温度 T が一定のとき,系と外界のエントロピーの変化の合計は,

$$\Delta S_{total} = \Delta S - \frac{\Delta H}{T}$$

で表されるので,$\Delta S_{total} > 0$ が成り立てば系の反応は自発的に進む.そこで,

$$\Delta G = \Delta H - T\Delta S = -T\Delta S_{total}$$

とおけば,$\Delta G < 0$ のときに系の反応は自発的に進行することになる.ここで定義した G を**ギブズの自由エネルギー**という.ΔG は反応にともなう自由エネルギーの変化を表す.このように,反応が進む方向は自由エネルギーの変化によって決まり,自由エネルギーが減少する方向が自発的な変化である.

7. 化学反応と平衡状態

2 種類の物質 A と B が反応して別の物質 C に変わる反応を考えよう.生成物 C が再び反応物 A と B に変化するような反応を**可逆反応**という.反応式は,

$$A + B \rightleftarrows C$$

と書ける.A と B から C への変化は正反応,C から A と B への変化は逆反応とよばれる.反応の開始から十分な時間が経つと,正反応と逆反応の反応速度が等しくなり,見かけ上,反応が停止したように見える.この状態を**平衡状態**という.平衡状態における物質 A,B,C の濃度をそれぞれ [A],[B],[C] とおけば,温度が一定であれば,

厳密には,濃度の代わりに濃度を一般化した活量という物理量で表現する.

$$K = \frac{[\mathrm{C}]}{[\mathrm{A}][\mathrm{B}]}$$

の値は一定に決まる．K を**平衡定数**という．

物質の濃度，圧力，温度などが変わると，この変化を相殺する方向に平衡は移動し，系は物質 A，B，C の濃度を変化させる．たとえば上記の反応が発熱反応であるとすると，変化の方向は下の表のようにまとめられる．これを**ル・シャトリエの法則**という．

条件の変化	系のとる対策	結論
生成物 C の濃度（あるいは分圧）を上げる	C の濃度を減らすために [A]，[B] を増やす	平衡は左へ移動 A＋B←C
全体の濃度（あるいは分圧）を上げる	物質量を減らす．A と B が共存しているほうが全体の物質量は多い	平衡は右へ移動 A＋B→C
温度を上げる	発熱を抑える	平衡は左へ移動 A＋B←C

8. 平衡と自由エネルギー

化学反応が進行して平衡状態に達すると，反応物と生成物の自由エネルギーが互いに等しくつり合った状態となる．物理変化では，たとえば沸点において液相と気相が共存しており，平衡状態に達している．このとき，液相と気相は等しい自由エネルギーをもっている．

****
例題 4・1 系とエネルギー

a) 熱力学では 3 種類の系を考える．それぞれの系と外界の間での物質とエネルギーのやりとりに関して，つぎの表を完成させよ．

系の種類	系と外界の物質のやりとり	系と外界のエネルギーのやりとり
	ある	
	ない	ある
孤立系		

b) つぎの文の空欄に適当な語句を入れよ．

エネルギーはさまざまな形態をとりうる．たとえば電池では ① エネルギーが直接 ② エネルギーに変化する．火力発電における石油の燃焼では ③ エネルギーが ④ エネルギーに変えられ，これによって発生する水蒸気が蒸気タービンを回して，最終的にはタービンの ⑤ エネルギーが ⑥ エネルギーに変換される．蛍光灯は ⑦ エネルギーを ⑧ エネルギーに変えている．このようにエネルギーの形態はさまざまであるが，変換される過程でエネルギーは生成も消滅もしない．これを ⑨ 法則という．

解 答

a)

系の種類	系と外界の物質のやりとり	系と外界のエネルギーのやりとり
開放系	ある	ある
閉鎖系	ない	ある
孤立系	ない	ない

b) ① 化学，② 電気，③ 化学，④ 熱，⑤ 運動，⑥ 電気，⑦ 電気，⑧ 光，⑨ 熱力学第一

私たちの身のまわりでは，いろいろな形態のエネルギーが存在し，互いに変換されている．これは人工的につくられた系ばかりでなく，自然界のいたるところで見られる．たとえば植物における光合成では光エネルギーが化学エネルギーに変えられる．植物に光エネルギーを与える太陽では核融合により光と熱がつくり出され，その源は核エネルギーである．エネルギーはこのように形態を変えるが，どのような過程でも必ずエネルギーの総量は保存される．熱力学第一法則は"エネルギー保存則"である．

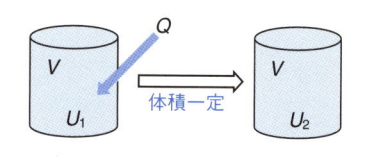

***

例題 4・2 内部エネルギーとエンタルピー

a) つぎの文の空欄に適当な語句，数字または式を入れよ．

容器に入った気体を一つの系と考えよう．ある変化において，この気体が外界から得る熱を Q，気体になされる仕事を W とすれば，系の内部エネルギーの増加 ΔU は，

$$\Delta U = \boxed{①}$$

で与えられる．図のように，気体が容積の変化しない容器に閉じ込められているとき，この気体を加熱しても体積は変わらないので，気体は仕事をしないし，仕事をされることもない．よって，$W = \boxed{②}$ であるから，

$$\Delta U = \boxed{③}$$

が成り立つ．つまり，内部エネルギー変化は， ④ 過程での熱の出入

りに等しい．

一方，図のように気体が入っている容器の容積を自由に変えられる場合を考えよう．この容器を加熱すると気体は膨張して体積は増加する．この変化が一定圧力 P のもとで行われたと考えると，体積の増加分を ΔV とすれば，気体は膨張することで外界に仕事をするので，

$$W = \boxed{⑤}$$

であり，加熱によって気体が得た熱を Q とすると内部エネルギーの増加 ΔU は，

$$\Delta U = \boxed{⑥}$$

で表される．よって，

$$\Delta H = \boxed{⑦}$$

とおけば，ΔH は $\boxed{⑧}$ 過程で系に出入りする熱を表す．H は**エンタルピー**とよばれ，

$$H = \boxed{⑨}$$

で定義される．

b）つぎのうち，状態量でないものはどれか．

ア）熱，イ）仕事，ウ）内部エネルギー，エ）エンタルピー，オ）物質量

解答!

a) ① $Q+W$, ② 0, ③ Q, ④ 定容, ⑤ $-P\Delta V$, ⑥ $Q-P\Delta V$, ⑦ $\Delta U+P\Delta V$, ⑧ 定圧, ⑨ $U+PV$

解説 $W = -P\Delta V$ であり，$\Delta V > 0$ のとき $W < 0$，$\Delta V < 0$ のとき $W > 0$ であることに注意しよう．つまり，気体が膨張する（$\Delta V > 0$）とき外界に向かって仕事をするので，気体はそれだけのエネルギーを失うことになる．系のエネルギーは減少するので $W < 0$ である．逆に気体を圧縮する過程（$\Delta V < 0$）では気体は仕事をされるので，系のエネルギーは増加する．この場合は $W > 0$ である．

b) 状態量でないのは ア），イ）

解説 ウ），エ），オ）はすべて物質の平衡状態が決まればそれに応じて値が決まるが，ア）とイ）は状態変化の経路に依存して値が変わる．た

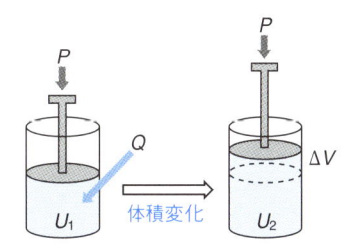

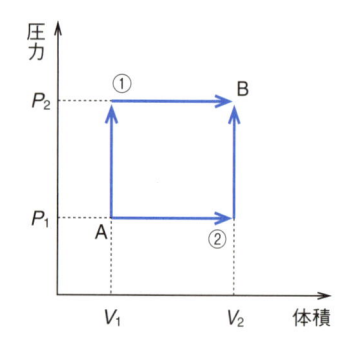

とえば，イ）の仕事について考えよう．図のように圧力が P_1，体積が V_1 の状態 A から圧力が P_2，体積が V_2 の状態 B まで気体の状態が変化するとき，最初に圧力を P_2 まで増加させたのちに体積を変化させた場合（図中の①の過程），気体のする仕事は $P_2(V_2-V_1)$ であるが，最初に圧力が P_1 の状態で体積を変化させ，体積が V_2 となったときに圧力を P_1 から P_2 に増加させれば（図中の②の過程），仕事は $P_1(V_2-V_1)$ である．このように経路が違えば仕事は異なる．

****

例題 4・3　さまざまな現象におけるエンタルピー変化

a）つぎの記述のうち，蒸発熱（蒸発エンタルピー）と関係の深いものはどれか．

① 風呂上がりに湯冷めをする．
② 金属に触れると冷たく感じる．
③ 皮膚にエタノールを塗ると冷たく感じる．
④ 水に硫酸を注ぐと発熱する．
⑤ 冷蔵庫において温度を下げるプロセスに利用される．
⑥ 魔法瓶で湯の温度を保つプロセスに利用される．

b）つぎの物理変化や化学反応のうち，系のエンタルピーが増加する現象はどれか．

① 氷が融けて水になる．
② 炭酸マグネシウムの熱分解で酸化マグネシウムと気体の二酸化炭素が生成する．
③ 水の電気分解で水素と酸素が発生する．
④ 水酸化ナトリウムが水に溶解する．
⑤ メタンが完全燃焼する．

解答

a）蒸発熱と関係の深いものは ①，③，⑤

解説　蒸発熱は気化熱ともよばれる．①の湯冷めは皮膚に付いた湯が蒸発する際に皮膚から熱を奪う現象で，そのために寒く感じる．湯（水）

が蒸発して水蒸気になるときに必要なエネルギーが蒸発熱である．③も同様の現象である．エタノールは沸点が低いため室温付近でも蒸発しやすい．蒸発の際のエンタルピー変化分（すなわち，蒸発熱）は皮膚から奪われる熱である．②も皮膚から熱が奪われる過程であるが，ここでは金属の熱伝導が大きいことが原因である．④は化学反応による発熱であり，蒸発熱とは関係しない．⑤の冷蔵庫で温度を下げる過程では蒸発熱が利用される．蒸発熱の大きい気体を圧縮したあと放熱により液体に変え，これを冷蔵庫の中に誘導し，減圧して再び気体に変化させる．その際に蒸発熱に相当する熱を奪うので，冷蔵庫の中は温度が下がる．⑥の魔法瓶では熱伝導と熱放射により外部に熱が放出されることを防いで保温を実現している．

b) 系のエンタルピーが増加する現象は ①，②，③

解説 ① 氷が融けて水になるとき，氷は外界から熱を奪うのでエンタルピーは増加する．② 炭酸マグネシウムの熱分解にも外部からの熱の供給が必要である．つまり，この反応は炭酸マグネシウムを高温まで加熱すれば起こる．③ 水を電気分解して水素と酸素を発生させるには外界からエネルギーを与える必要があるから，やはり系のエンタルピーは増加する．

一方，④，⑤ の水酸化ナトリウムが水に溶解する反応およびメタンが完全燃焼する反応はいずれも発熱反応である．よって系のエンタルピーは減少する．

エアコンによる室内の冷房も同じ原理で行われる．
魔法瓶の容器は二重構造になっており，外壁と内壁の間は熱伝導の小さい真空に近い状態である．また，内壁の内側には金属がコーティングされて鏡になっているため，熱放射を反射して外部に出ていくことを防いでいる．

化学実験で水酸化ナトリウム水溶液をつくる際に，水を入れたビーカーに水酸化ナトリウムを加えて溶かすとビーカーが熱くなることを経験したことのある読者も多いだろう．

****

例題 4・4 ヘスの法則

a) つぎの表は，ベンゼンの燃焼，ベンゼンの水素化，および水素と酸素の反応と，これらの化学反応にともなうエンタルピー変化である．ベンゼンの水素化ではシクロヘキサンが生成する場合を考える．

化学反応	エンタルピー変化 (kJ mol^{-1})
$C_6H_6 + \frac{15}{2}O_2 \longrightarrow 6CO_2 + 3H_2O$	-3268
$C_6H_6 + 3H_2 \longrightarrow C_6H_{12}$	-205
$H_2 + \frac{1}{2}O_2 \longrightarrow H_2O$	-285.83

シクロヘキサン

これらのデータに基づき，シクロヘキサンの燃焼にともなうエンタルピー変化を計算する手続きを考えてみよう．

つぎの図において縦軸は相対的なエンタルピーの大きさを表しており，エンタルピーが一定の状態を(ア)〜(エ)で示している．また，(ア)〜(エ)の状態における物質と物質量が示されており，状態間の反応の方向は矢印で表され，反応にともなうエンタルピー変化の数値が kJ mol^{-1} を単位として与えられている．求めようとしているエンタルピー変化を x kJ mol^{-1} とおく．空欄①〜③を埋めて図を完成させよ．

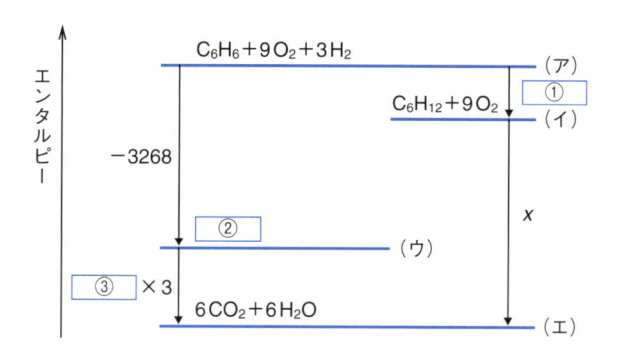

b) 設問 a) のデータを用いて，シクロヘキサンの燃焼にともなうエンタルピー変化を計算せよ．

解答!

a) ① -205，② $6CO_2 + 3H_2O + 3H_2 + \frac{3}{2}O_2$，③ -285.83

b) ヘスの法則によれば，状態(ア)から(エ)へ向かう過程において，途中で状態(イ)を経ても(ウ)を経ても(ア)から(エ)への過程にともなうエンタルピー変化は変わらない．よって，$-3268 + (-285.83) \times 3 = -205 + x$ が成り立つ．これから，$x = -3920$ となるので，求めるエンタルピー変化は -3920 kJ mol^{-1} である．

表に与えられているエンタルピー変化は標準状態で 25℃ における値である（練習問題 4・2 を参照のこと）．

✳✳✳

例題 4・5　熱容量

a) つぎの文の空欄に適当な式を入れよ．

物質に熱を加えると物質の温度は上昇し，逆に物質から熱を奪うと温度は下がる．温度変化に対する熱の出入りの割合（熱の出入り÷温度変化）を**熱容量**という．熱容量は物質によって異なり，また，一般に温度に依存する．一定の体積のもとでの熱容量を**定容熱容量**という．例題4・2で学んだように，一定体積下での熱の出入りは内部エネルギーUの変化に等しい．したがって，温度の微小な変化dTに対して，微小な熱の出入り，すなわち，内部エネルギーの微小な変化がdUであれば，dUは定容熱容量C_Vを用いて，

$$dU = C_V dT$$

と表すことができる．物質の温度がT_1からT_2まで変化し，この範囲でC_Vが温度に依存しない場合，この間の内部エネルギーの変化ΔUは，

$$\Delta U = \boxed{①}$$

で与えられる．一方，圧力が一定のときの熱容量は**定圧熱容量**とよばれ，一定圧力のもとでの熱の出入りはエンタルピー変化に等しいので，温度の微小な変化dTに対するエンタルピーの微小な変化がdHであれば，dHは定圧熱容量C_Pを用いて，

$$dH = \boxed{②}$$

と表され，温度がT_1からT_2まで変わったとき，C_Pが温度に依存しなければ，この間のエンタルピーの変化ΔHは，

$$\Delta H = \boxed{③}$$

となる．

　b）20℃に保たれた1 molの水がある．大気圧下でこの水を100℃の水蒸気に変えたときのエンタルピー変化を求めよ．ただし，この温度範囲での水の定圧熱容量は$C_P = 75.3 \text{ J K}^{-1} \text{ mol}^{-1}$で一定であり，水の蒸発エンタルピー（例題4・3aおよび練習問題4・3参照）は40.7 kJ mol^{-1}である．

解答

① $C_V(T_2 - T_1)$，② $C_P dT$，③ $C_P(T_2 - T_1)$

解説　熱容量は熱力学における重要な概念の一つである．熱容量は一般に温度に依存して変化する．また，同じ物質でも相によって異なる．前者の例をあげておこう．結晶の定容熱容量は0 K近くの非常に低い温度で

結晶の定容熱容量が極低温で温度の3乗に比例することはデバイ（P. J. W. Debye）により理論的に導かれた．この理論（デバイ模型とよばれる）は特に等方的な結晶の実験データとよく一致している．

は温度 T の3乗に比例して変わることが知られている．したがって C_V は，
$$C_V = aT^3$$
と表される．ここで a は温度に依存しない定数で，物質によって異なる．たとえば，結晶の温度が0Kから T_0（T_0 は上の式が成り立つような十分低い温度とする）まで変化すれば，これにともなう結晶の内部エネルギーの変化は，

$$\Delta U = \int_0^{T_0} C_V \, dT = \int_0^{T_0} aT^3 \, dT = \frac{1}{4} a [T^4]_0^{T_0} = \frac{1}{4} aT_0^4$$

のように積分によって計算することができる．

b）20℃の水を100℃の水に変えたときのエンタルピー変化は定圧熱容量を用いて計算できる．すなわち，1 mol 当たりでは，
$$\Delta H_1 = C_P(T_2 - T_1) = 75.3 \text{ J K}^{-1} \text{ mol}^{-1} \times (373 \text{ K} - 293 \text{ K})$$
$$= 6.02 \times 10^3 \text{ J mol}^{-1}$$

となる．さらに，100℃の水が100℃の水蒸気に変わるときのエンタルピー変化は蒸発エンタルピーに相当し，これは $\Delta H_2 = 40.7$ kJ mol^{-1} である．したがって，20℃の水を100℃の水蒸気に変えたときのエンタルピー変化は，ΔH_1 と ΔH_2 の和で与えられ，

$$\Delta H = \Delta H_1 + \Delta H_2 = 6.02 \times 10^3 \text{ J mol}^{-1} + 40.7 \text{ kJ mol}^{-1} = 46.7 \text{ kJ mol}^{-1}$$

となる．

例題 4・6　エントロピー

a）つぎの物理変化や化学反応のうち，系のエントロピーが増加する現象はどれか．
① 1 atm のもと，0℃以下で水が凝固して氷になる．
② 炭酸カルシウムを加熱すると熱分解して気体の二酸化炭素が発生する．
③ 水素と酸素が反応して水ができる．
④ 水に塩化ナトリウムが溶けて水溶液になる．
⑤ 水平な床の上で高いところからボールを落とすと，やがてボールは床の上で静止する．

b) ある一定の温度 T において系がきわめて小さい量の熱 δQ を受取るとき，系におけるエントロピーの微小な増加分 dS は，

$$dS = \frac{\delta Q}{T}$$

という式で表される．この式を用いてエントロピーを計算してみよう．つぎの文の空欄に適当な式を入れよ．また，{　}については正しいものを選べ．

体温が 36℃ の人が 0℃ の氷に指で触れたとする．この人が冷たいと感じるのは，氷が指から熱を奪うためである．指から氷に移動した熱の量が δQ（>0）であれば，この人の指のエントロピー変化は ① であり，氷のエントロピー変化は ② であるので，全体のエントロピー変化は ③ となる．これは{正・負}の値であるので，反応は自発的に進むことがわかる．つまり，熱は必ず温度の{高い・低い}ほうから{高い・低い}ほうへ移動する．

熱は状態量ではないので，状態の微小変化（dQ）としてとらえられるものではなく，やりとりされる微小量として表される．これを δQ と表現する．ただし，エントロピーは状態量である．

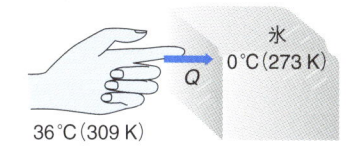

解答!

a) 系のエントロピーが増加する現象は②，④，⑤

解説 固体（特に結晶），液体，気体を比較した場合，原子や分子の配列の仕方の規則性，分子の運動の自由度の観点から，乱雑さの最も大きい状態は気体で，逆に最も小さい状態は結晶である．したがって，エントロピーは結晶，液体，気体の順に増加する．①は液体から固体への変化，②は固体から気体が発生する反応，③は気体から液体ができる反応であるから，エントロピー変化は，①では減少，②では増加，③では減少である．

④の塩化ナトリウムの水への溶解では，Na$^+$ と Cl$^-$ が規則的に配列してイオン結晶をつくっている状態から水溶液中で水分子に水和された Na$^+$ と Cl$^-$ が比較的無秩序に分布した状態に変わるので，エントロピーは増加する．

⑤のボールが高いところから落とされて最終的に床の上で静止する現象では，ボールを構成する分子の運動を考えればよい．落下中のボールでは分子はいっせいに同じ方向を向いて（つまり，床に向かって）運動して

①の水から氷への相転移ならびに③の水素と酸素とから水が生成する反応ではエントロピーが減少するものの，これらの変化は自発的に起こる．これは，外界も含めた全エントロピーが増加するためである．すなわち，①では水が氷に変わる際に融解熱が外界へ放出され，③の反応では非常に大きな熱が発生する．外界は系から熱を得ることによってエントロピーが増加する．この増加分が系のエントロピーの減少分を上回るため，系の変化は自発的に進む．

いるが，静止した状態では運動エネルギーがすべて熱に変えられボールと床に分配される．ボール中の分子の熱運動は個々の分子が勝手な方向に振動する状態であるから，落下中のボールと比べて分子の運動の乱雑さは大きく，エントロピーも大きい．

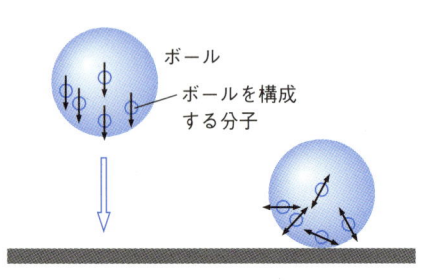

b) ① $-\dfrac{\delta Q}{309}$, ② $\dfrac{\delta Q}{273}$, ③ $\dfrac{4\delta Q}{9373}$, {正・負}, {高い・低い}, {高い・低い}

熱は温度の高いほうから低いほうへ移動するという結論は，私たちの日常生活に照らし合わせれば常識的である．この過程がエントロピーの増加をともなっており，熱力学第二法則に従っていることを理解しよう．

✳✳✳

例題 4・7　統計力学とエントロピー

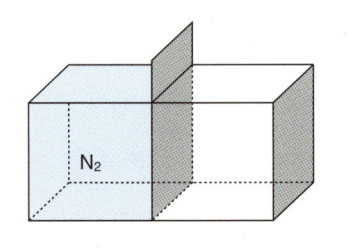

図のように仕切りの付いた容器があり，左側の部屋には窒素が入っており，右側の部屋は真空になっている．左右の部屋の体積は等しい．仕切りを取除いて十分に時間が経てば，窒素は真空であった部屋にも広がる．初めの状態で部屋に入っている窒素分子の数を N 個としよう．

a) 仕切りを取除いた直後にすべての窒素分子が左側の部屋にいる確率はいくらか．また，十分に時間が経ったのちに，窒素分子が左右どちらかにいる確率はいくらか．

b) 場合の数（状態の数）Ω とエントロピー S の関係は，$S = k \ln \Omega$ となる．k はボルツマン定数とよばれる．a) の結果に基づいて，窒素が拡散することによるエントロピー変化を計算せよ．

【解答】

a) 1 個の窒素分子が左側の部屋にいる確率は $1/2$ であるから，N 個の窒素分子すべてが左側の部屋にいる確率は $P_1 = (1/2)^N$ である．また，十

分に時間がたてば窒素分子は必ず左右いずれかの部屋にいるから，求める確率は $P_2 = 1^N = 1$ である．

b) 最初と最後の状態のエントロピーをそれぞれ S_1, S_2 とおくと，エントロピー変化は，

$$\Delta S = S_2 - S_1 = k \ln(\Omega_2/\Omega_1) = k \ln(P_2/P_1) = k \ln 2^N = Nk \ln 2$$

と計算できる．ここで，$\Omega_2/\Omega_1 = P_2/P_1$ を用いた．1 mol の N_2 分子であれば $N = 6.02 \times 10^{23}$ となり，ΔS は非常に大きな数となる．

$S = k \ln \Omega$ は乱雑さとエントロピーを直接結び付ける式であり，ボルツマン（L. Boltzmann）によって提出されたものである．ボルツマンは統計力学の発展に貢献した19世紀の物理学者で，オーストリアのウィーンにある彼の胸像にはこの式が標されている．

※※※※※※※※※※※※※※※※※※※※※※※※※※※※※※※※※※

例題 4・8　自発的な反応

a) つぎの文の { } について正しいものを選べ．

常温・常圧において塩化水素とアンモニアから塩化アンモニウムができる反応

$$HCl(g) + NH_3(g) \longrightarrow NH_4Cl(s)$$

では気体から固体が生じているので，反応にともなうエントロピー変化は{正・負}になる．また，この反応により系は熱を{外界に放出する・外界から吸収する}ので，反応にともなうエンタルピー変化は{正・負}である．この結果として外界のエントロピー変化は{正・負}になり，系と外界を合わせたエントロピー変化は{正・負}となるので，この反応は自発的に進む．

b) つぎの物理変化や化学反応はいずれも自発的に進行する．この理由として相応しいものを後の①〜③から選べ．

ア) 1 atm のもとで水蒸気を 100°C よりも低温に冷やすと水になる．
イ) 空気中で鉄がさびる．
ウ) プロパンが完全燃焼する．
エ) 水酸化ナトリウムが水に溶ける．
オ) 硝酸アンモニウムが水に溶ける．

① 系のエンタルピーは増加するが，エントロピーの増加の効果が大きい．
② 系のエントロピーは減少するが，エンタルピーの減少の効果が大きい．
③ 系のエンタルピーは減少し，かつ，エントロピーは増加する．

解答

a) {正・**負**}, {**外界に放出する**・外界から吸収する}, {正・**負**}, {**正**・負}, {**正**・負}

解説 この反応の進行方向の理解の仕方として，2種類の気体から1種類の固体が生成する反応であるから系のエントロピーは大きく減少すると考えられ，それにもかかわらず反応が自発的に進むことに着目すればよい．反応が自発的に進行するということは外界のエントロピーが増加しているはずで，そのためには系から外界に熱が供給されなければならない．つまり，反応にともなってエンタルピーは減少している．

b) ア）②, イ）②, ウ）②, エ）③, オ）①

解説 ア）水蒸気から水への変化は気体が凝縮して液体に変わる相転移の過程であるからエントロピーは減少する．この変化の際，潜熱を外界に放出するので系のエンタルピーも減少する．

イ）空気中で鉄がさびる現象は，鉄と酸素とから酸化鉄ができる反応である．固体と気体から固体が生成しているので，エントロピーは減少する．反応は熱の発生をともなうので，エンタルピーも減少している．この反応は携帯用カイロの原理となっている．

ウ）プロパンが完全燃焼する反応は，

$$\mathrm{C_3H_8(g) + 5O_2(g) \longrightarrow 3CO_2(g) + 4H_2O(l)}$$

と書ける．すなわち，気体の物質量は 6 mol から 3 mol に減少しているので，エントロピーは減少する．よく知られているとおり，この反応は発熱反応であり，反応にともなってエンタルピーは減少している．

エ）水酸化ナトリウムや，オ）硝酸アンモニウムのような固体が水に溶解する過程では，系がより均一になる方向に反応が進むので，エントロピーが増加する．また，一般に固体が水に溶ける反応は吸熱反応であり，実際に硝酸アンモニウムが水に溶けると外界から熱を奪う．水酸化ナトリウムの水への溶解は例外的で，発熱をともなう．

例題 4・9　ギブズの自由エネルギー

a）つぎの文の空欄に適当な式を入れよ．また，{　}については正しいものを選べ．

ギブズの自由エネルギー G は次式で定義される．

$$G = H - TS$$

H はエンタルピー，T は温度，S はエントロピーである．温度 T が一定のもとでの変化を考えよう．エンタルピー，エントロピー，自由エネルギーが初めの状態では H_1, S_1, G_1 であり，終わりの状態では H_2, S_2, G_2 であるとき，

$$G_2 - G_1 = \boxed{①} - T\boxed{②}$$

が成り立つので，エンタルピー，エントロピー，自由エネルギーの変化を ΔH，ΔS，ΔG とおけば，

$$\Delta G = \boxed{③}$$

である．

ΔG が {正・負} となる反応は自発的に進む．ΔG が {正・負} となる反応では，その逆反応が自発的に進む．

b）系の状態の微小な変化により，内部エネルギー U は $U + dU$ に，圧力 P は $P + dP$ に，体積 V は $V + dV$ に変わるとする．このとき，エンタルピー H は，

$$H = U + PV \tag{1}$$

から，

$$\begin{aligned} H + dH &= (U + dU) + (P + dP)(V + dV) \\ &= U + dU + PV + P\,dV + V\,dP + dP\,dV \end{aligned} \tag{2}$$

に変化する．式 (2) の最後の項は二つの無限小の積であるから無視できるので，式 (2) − 式 (1) から，

$$dH = dU + P\,dV + V\,dP \tag{3}$$

が得られる．同様に，温度 T が一定のもとでのギブズの自由エネルギー $G = H - TS$ の微小変化は，

$$dG = dH - T\,dS \tag{4}$$

仕事は熱と同様に状態量ではないので，その微小量 δW で表した．

である．この過程での仕事の微小量を δW とおくと，系が可逆的な膨張の仕事だけをするならば，

$$\delta W = -P\,dV \tag{5}$$

と書くことができる．

> 以上の結果と，熱力学第一法則およびエントロピーの定義を用いて，
> $$dG = V\,dP \tag{6}$$
> となることを示せ．

解答!

a) ① $H_2 - H_1$，② $(S_2 - S_1)$，③ $\Delta H - T\Delta S$，{正・負}，{正・負}

自由エネルギーがなぜ，
$$G = H - TS$$
と定義されるのか理解しよう．この式にはエンタルピーとエントロピーが含まれるので，自由エネルギーの変化を用いればエンタルピーとエントロピーの変化を同時に考慮することができ，反応の進む方向を予測できる．

b) この過程で系が得る熱の微小量を δQ とおくと，熱力学第一法則より，

$$dU = \delta Q + \delta W \tag{7}$$

であり，エントロピーの定義から，

$$\delta Q = T\,dS \tag{8}$$

となるので，式 (5) と (8) を式 (7) に代入すると，

$$dU = T\,dS - P\,dV \tag{9}$$

が得られる．これを式 (3) に代入すると，

$$dH = T\,dS - P\,dV + P\,dV + V\,dP = T\,dS + V\,dP \tag{10}$$

であり，さらに，式 (10) を式 (4) に代入して，

$$dG = T\,dS + V\,dP - T\,dS = V\,dP$$

となって，式 (6) が得られる．

式 (6) から平衡定数と自由エネルギーの重要な関係が導かれる（例題 4・12a 参照）．

例題 4・10 化学平衡

a) つぎの文の空欄に適当な式を入れよ．

つぎのような可逆反応を考えよう．

$$a\mathrm{A} + b\mathrm{B} \rightleftharpoons c\mathrm{C} + d\mathrm{D}$$

すなわち，a mol の反応物 A と b mol の反応物 B から c mol の生成物 C と d mol の生成物 D が生じる．これらの物質のモル濃度をそれぞれ [A]，[B]，[C]，[D] とすれば，濃度を用いて表した平衡定数 K_c は，

$$K_c = \boxed{①}$$

と書ける. A, B, C, D がすべて気体である反応の場合, モル濃度の代わりにそれぞれの分圧 P_A, P_B, P_C, P_D を用いて,

$$K_P = \boxed{②}$$

と表すこともできる. 反応物と生成物がすべて理想気体であると近似できる場合, 気体定数を R, 反応が起こっている温度を T とすれば, 各物質のモル濃度 c_i と分圧 P_i との間には,

$$c_i = \boxed{③}$$

の関係がある. したがって K_c と K_P の関係は,

$$K_c = K_P \boxed{④}$$

となる.

b) つぎのような可逆反応を考えよう.

$$H_2(g) + CO_2(g) \rightleftarrows H_2O(g) + CO(g)$$

ある温度と圧力でこの反応が平衡に達したとき, 混合気体の成分を分析すると, 組成は表のようであった. この条件における上の反応の平衡定数 K_P はいくらか.

成　分	組成 (mol %)
$H_2(g)$	12.7
$CO_2(g)$	34.5
$H_2O(g)$	26.4
$CO(g)$	26.4

解答

a) ① $\dfrac{[C]^c[D]^d}{[A]^a[B]^b}$, ② $\dfrac{P_C^c P_D^d}{P_A^a P_B^b}$, ③ $\dfrac{P_i}{RT}$, ④ $\left(\dfrac{1}{RT}\right)^{c+d-a-b}$

解説 反応容器の体積を V, そこに含まれる気体 (A, B, C, D のいずれか) の物質量を n_i とすれば, モル濃度 c_i は,

$$c_i = \frac{n_i}{V}$$

と表され, 理想気体の状態方程式 $P_i V = n_i RT$ を用いれば,

$$c_i = \frac{P_i}{RT}$$

が得られる. A, B, C, D それぞれのモル濃度をそれぞれの分圧を用いて表し, K_c の式に代入すると,

$$K_c = \frac{[\mathrm{C}]^c[\mathrm{D}]^d}{[\mathrm{A}]^a[\mathrm{B}]^b} = \frac{\left(\frac{P_\mathrm{C}}{RT}\right)^c\left(\frac{P_\mathrm{D}}{RT}\right)^d}{\left(\frac{P_\mathrm{A}}{RT}\right)^a\left(\frac{P_\mathrm{B}}{RT}\right)^b} = \frac{P_\mathrm{C}^c P_\mathrm{D}^d}{P_\mathrm{A}^a P_\mathrm{B}^b}\left(\frac{1}{RT}\right)^{c+d-a-b}$$

$$= K_P\left(\frac{1}{RT}\right)^{c+d-a-b}$$

となって，K_c と K_P の関係が得られる．

b) 全圧を P とおく．各成分の分圧はモル分率に比例するから，

$$P(\mathrm{H_2}) = 0.127P, \qquad P(\mathrm{CO_2}) = 0.345P$$
$$P(\mathrm{H_2O}) = 0.264P, \qquad P(\mathrm{CO}) = 0.264P$$

であり，平衡定数は以下のように計算できる．

得られた平衡定数はこの場合，単位をもたない．

$$K_P = \frac{P(\mathrm{H_2O})P(\mathrm{CO})}{P(\mathrm{H_2})P(\mathrm{CO_2})} = \frac{0.264P \times 0.264P}{0.127P \times 0.345P} = 1.59$$

****

例題 4・11 ル・シャトリエの法則

a) つぎの文の { } について正しいものを選べ．

化学平衡は，温度や圧力のような外的要因が変化したとき，この効果を {増幅する・打ち消す} 方向に移動する．たとえば外界の温度が上がると，{外界に熱を与える・外界から熱を奪う} 方向に反応は進みやすくなるので，{発熱・吸熱} 反応が進行する．このような現象を**ル・シャトリエの法則**という．

b) ハーバー–ボッシュ法によるアンモニアの合成はつぎのような反応である．

$$\mathrm{N_2(g)} + 3\,\mathrm{H_2(g)} \rightleftarrows 2\,\mathrm{NH_3(g)}$$

この反応のエンタルピー変化は，1 mol の $\mathrm{NH_3(g)}$ が生成する過程に対して $-46\,\mathrm{kJ}$ である．いま，この反応が平衡状態に達したとする．つぎの記述のうち，誤っているものはどれか．

① 反応物である窒素を系に加えると，反応は右に進む．
② 生成したアンモニアを系から取除くと，反応は左に進む．
③ 全圧を上げると反応は左に進む．
④ 温度を上げると反応は左に進む．

解答!

a) {増幅する・打ち消す}, {外界に熱を与える・外界から熱を奪う}, {発熱・吸熱}

b) 誤っているものは②, ③

解説 ル・シャトリエの法則を用いて考えることができる．系に窒素を加えると，物質量の大きくなった窒素の割合を減らす方向に反応は進む．また，生成したアンモニアを系から取除くと，アンモニアの割合を増やす方向に反応は進む．これらはいずれも右向きの反応が進行することを示している．よって，①の記述は正しく，②は誤りである．

全圧を上げるとそれを減らす方向に反応は進む．このためには気体分子の数を減らさなければならない．生成系と反応系では前者のほうが気体分子の物質量が多いので，反応は右に進んで圧力を減少させる．したがって，③の記述は誤りである．また，温度を上げると反応は熱を奪う方向に進む．すなわち，吸熱反応が起こりやすくなる．アンモニアが合成される反応は発熱反応であるから，温度の上昇にともないアンモニアが窒素と水素に分解される方向に反応が進行する．よって，④は正しい記述である．

* * *

例題 4·12　自由エネルギーと平衡状態

a) つぎの文の空欄に適当な数字または式を入れよ．

例題 4·9b) で学んだように，一定の温度 T のもとでの自由エネルギーの微小変化は，

$$\mathrm{d}G = V\,\mathrm{d}P \tag{1}$$

と表される．n mol の理想気体を考えると，$V = \boxed{①}$ であるから，圧力が P_0 から P_1 まで変化したときの自由エネルギーの変化は，

$$G_1 - G_0 = \int_{P_0}^{P_1} V\,\mathrm{d}P = \boxed{②} \tag{2}$$

で与えられる．そこで，基準となる標準状態を設け，そのときの圧力を $P° = 1\,\mathrm{atm}$，自由エネルギーを $G°$ とおけば，圧力が P のときの自由エネルギー G は，

と表される．1 mol 当たりの自由エネルギーを μ とおけば，式 (3) は，

$$\mu - \mu° = \boxed{④} \tag{4}$$

となる．μ を**化学ポテンシャル**という．

さて，例題 4・10 a) と同様に，つぎの可逆反応を考え，反応物および生成物はすべて気体であると仮定しよう．

$$a\mathrm{A} + b\mathrm{B} \rightleftarrows c\mathrm{C} + d\mathrm{D}$$

この反応の自由エネルギー変化 ΔG は，式 (4) を用いると，A, B, C, D の化学ポテンシャル $\mu_\mathrm{A}, \mu_\mathrm{B}, \mu_\mathrm{C}, \mu_\mathrm{D}$ と分圧 $P_\mathrm{A}, P_\mathrm{B}, P_\mathrm{C}, P_\mathrm{D}$ により，

$$\begin{aligned}\Delta G &= (c\mu_\mathrm{C} + d\mu_\mathrm{D}) - (a\mu_\mathrm{A} + b\mu_\mathrm{B}) \\ &= [(c\mu_\mathrm{C}° + d\mu_\mathrm{D}°) - (a\mu_\mathrm{A}° + b\mu_\mathrm{B}°)] + \boxed{⑤}\end{aligned} \tag{5}$$

と表される．平衡状態では $\Delta G = \boxed{⑥}$ であるから，式 (5) で，

$$\Delta G° = (c\mu_\mathrm{C}° + d\mu_\mathrm{D}°) - (a\mu_\mathrm{A}° + b\mu_\mathrm{B}°)$$

とおけば，$\Delta G°$ と平衡定数 K_P との関係は，

$$\Delta G° = -\boxed{⑦} \tag{6}$$

となる．

b) つぎの図は相変化にともなうギブズの自由エネルギー G の変化を表している．この図に関する下の記述のうち，誤っているものはどれか．

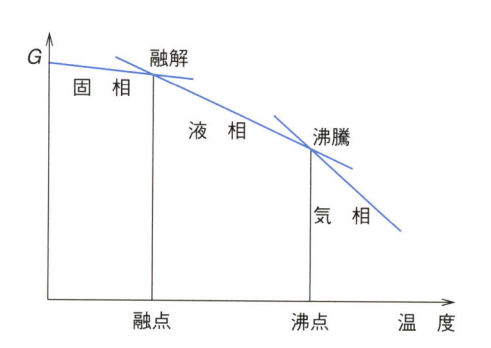

① 融点では固相と液相の自由エネルギーは等しい．
② 沸点において液相が気相に変化すると，自由エネルギーは減少する．
③ 融点と沸点の間の温度領域で最も自由エネルギーが低いのは液相である．

④ 融点より低い温度では，液相より固相のほうが自由エネルギーが低い．
⑤ 気相に対応する直線の傾きが固相に対応する直線の傾きより急であるのは，固相より気相のほうがエントロピーが大きいためである．

解答

a) ① $\dfrac{nRT}{P}$, ② $nRT\ln\left(\dfrac{P_1}{P_0}\right)$, ③ $nRT\ln P$, ④ $RT\ln P$,

⑤ $RT\ln\left(\dfrac{P_C{}^c P_D{}^d}{P_A{}^a P_B{}^b}\right)$, ⑥ 0, ⑦ $RT\ln K_P$

b) 誤っているものは ②

解説 固相，液相，気相のいずれにおいても自由エネルギー G と温度 T の関係は右下がりの直線となっている．これは $G = H - TS$ において，エンタルピーとエントロピーが温度に対して大きく変化しないと近似できれば成り立つ関係である．よって，図中の右下がりの直線の傾きは各相におけるエントロピーを表しており，傾きが気相で最も急で，固相で最も緩やかであるのは，エントロピーの大小関係が，S(固相) $<$ S(液相) $<$ S(気相) であることを反映した結果である（⑤）．

これら自由エネルギーの温度依存性を表す直線をさまざまな温度領域で比較してみよう．たとえば融点と沸点の間では，最も下にあるのは液相に対応する直線である．よってこの温度領域では最も自由エネルギーの低い液相が最も安定であり，平衡状態である（③）．温度が融点より低くなれば，今度は固相に対応する直線が最も下になり，自由エネルギーが最も低い相は固相となって，これが安定な相として存在する（④）．融点では固相と液相の直線が交差しており，両者の自由エネルギーが等しい（①）．つまり，固相と液相が共存している．同様に沸点では液相と気相が共存しており，両者の自由エネルギーは等しい．よって，沸点において液相が気相に変化しても自由エネルギーの変化はゼロである．つまり，②の記述は誤りである．

式 (2) では nRT は定数なので $1/P$ を P_0 から P_1 まで積分すればよい．また，式 (5) は $\mu_A = \mu_A^\circ + RT\ln P_A$ などを使えば導かれる．
式 (6) は一般的な平衡定数と標準自由エネルギー変化 ΔG° との間にも成り立つ重要な関係である．

練習問題

4・1

ピストンの付いたシリンダーがあり，内部に理想気体が入っている．これを一つの系と考える．つぎの①〜③の操作のうち，ア）系と外界の間に熱の出入りがある現象，イ）系が仕事をする現象，ウ）系の内部エネルギーが変化しない現象はどれか．

① ピストンを固定して，体積を一定に保ちながら容器を冷却する．
② ピストンが自由に動ける状態にして，温度を一定に保ちながら可逆的に気体を膨張させる．
③ ピストンが自由に動ける状態にして，断熱しながら可逆的に気体を膨張させる．

4・2

生成熱（生成エンタルピー）は化学反応を考察するうえで重要な概念である．生成熱に関して，つぎのa），b）に答えよ．

a）つぎの文の空欄に適当な数値または化学式を入れよ．

化合物がそれを構成する元素の単体から生成する際のエンタルピー変化を**生成熱**あるいは**生成エンタルピー**という．たとえば25℃で1atmの条件での反応を考えると，メタンの1mol当たりの生成熱は，

$$C(s) + 2H_2(g) \longrightarrow CH_4(g)$$

にともなうエンタルピー変化である．塩化水素では，

①

という反応のエンタルピー変化であり，炭酸カルシウムでは，

②

という反応のエンタルピー変化に相当する．単体の生成熱は ③ kJ mol^{-1} である．単体の状態は圧力や温度によって変化するので，一般には圧力が ④ Paで一定のときの生成熱を標準とする．これを**標準生成エンタルピー**という．

表は，いくつかの化合物の25℃における標準生成エンタルピーである．このデータからヘスの法則を用いてグルコースの燃焼エンタルピーを計算してみよう．

化合物	標準生成エンタルピー (kJ mol^{-1})
$C_6H_{12}O_6(s)$	-1274
$CO_2(g)$	-393.51
$H_2O(l)$	-285.83

グルコースが完全燃焼するときの反応は次式で表される.

$$\boxed{⑤} \tag{1}$$

一方, グルコース, 二酸化炭素, 水の標準生成エンタルピーは, それぞれ

$$\boxed{⑥} \tag{2}$$
$$\boxed{⑦} \tag{3}$$
$$\boxed{⑧} \tag{4}$$

という化学反応におけるエンタルピー変化であるから,

$$\text{式 (3)} \times 6 + \text{式 (4)} \times \boxed{⑨} - \text{式 (2)}$$

より式 (1) が導かれる. エンタルピー変化もこの式に応じて計算することができる. 表の値を用いると, グルコースの燃焼エンタルピーは, $\boxed{⑩}$ kJ mol^{-1} である.

b) アセチレンの標準生成エンタルピーは 298 K で 226.73 kJ mol^{-1} である. アセチレンがこの条件下で完全燃焼したときのエンタルピー変化はいくらか. 設問 a) の標準生成エンタルピーの値も用いよ.

4・3

つぎの文および表の空欄に適当な数値あるいは式を入れよ. また, { } については正しいものを選べ.

沸点において液体が気体に変わるときのエントロピー変化を考えよう. 蒸発エンタルピーを ΔH, 沸点を T_b とおくと, 蒸発にともなうエントロピー変化 ΔS は,

$$\Delta S = \boxed{①}$$

で与えられる. 液体から気体への変化は {発熱・吸熱} 過程であるから, この相転移にともない系のエントロピーは {増加・減少} する. いくつかの物質に対して, 沸点, 蒸発エンタルピー, 蒸発エントロピーの値はつぎの表のようになる.

物　質	T_b (K)	ΔH (kJ mol^{-1})	ΔS (JK^{-1} mol^{-1})
水	373.15	40.7	②
ベンゼン	353.25	30.8	③
四塩化炭素	349.85	30.00	④
硫化水素	212.75	18.7	⑤

4・4

解答で述べているとおり，これらの反応の熱力学は，金属酸化物（鉱物）から金属の単体を得る工業的なプロセスにおいて重要である．

つぎの ア）〜オ）反応を，下の ①〜③ に分類しよう．

ア）$4\,\mathrm{Al(s)} + 3\,\mathrm{O_2(g)} \longrightarrow 2\,\mathrm{Al_2O_3(s)}$

イ）$2\,\mathrm{Cu(s)} + \mathrm{O_2(g)} \longrightarrow 2\,\mathrm{CuO(s)}$

ウ）$\mathrm{C(s)} + \mathrm{O_2(g)} \longrightarrow \mathrm{CO_2(g)}$

エ）$2\,\mathrm{C(s)} + \mathrm{O_2(g)} \longrightarrow 2\,\mathrm{CO(g)}$

オ）$2\,\mathrm{CO(g)} + \mathrm{O_2(g)} \longrightarrow 2\,\mathrm{CO_2(g)}$

① 自由エネルギー変化が温度とともに増加する反応
② 自由エネルギー変化が温度とともに減少する反応
③ 自由エネルギー変化が温度に依存しない反応

4・5

a) つぎの文の空欄に適当な数値または式を入れよ．

酢酸とエタノールから酢酸エチルが生成する反応はつぎのように書ける．

$$\mathrm{CH_3COOH} + \mathrm{C_2H_5OH} \rightleftarrows \mathrm{CH_3COOC_2H_5} + \mathrm{H_2O}$$

この反応の平衡定数は $K = 4.0$ である．反応の最初の段階で酢酸とエタノールの濃度がいずれも $1.00\ \mathrm{mol\ dm^{-3}}$ であったとする．反応が進んで平衡状態に達したとき，生成した酢酸エチルが $x\ \mathrm{mol\ dm^{-3}}$ であるとすれば，

$$K = \boxed{①} = 4.0$$

が成り立つので，$x = \boxed{②}\ \mathrm{mol\ dm^{-3}}$ が導かれる．つまり，平衡状態における未反応の酢酸とエタノールの濃度は $\boxed{③}\ \mathrm{mol\ dm^{-3}}$ である．

b) a) の酢酸とエタノールから酢酸エチルが生成する反応において，最初の段階で $1.00\ \mathrm{mol\ dm^{-3}}$ の酢酸とエタノールに加えて $1.00\ \mathrm{mol\ dm^{-3}}$ の水が存在したとしよう．この場合，平衡状態において生成する酢酸エチルの濃度はいくらか．また，a) の結果と比べて，酢酸エチルの濃度はどのように変化するか．

4・6

膨張以外の仕事とは，たとえば電池における電気的な仕事である．

つぎの文の空欄に適当な記号または式を入れよ．

自由エネルギー変化には，これが系から取出せる膨張以外の最大の仕事

であるという重要な意味がある．このことについて考えてみよう．自由エネルギー G およびエンタルピー H の定義より，
$$G = H - TS = U + PV - TS$$
と書ける．ここで，S はエントロピー，T は温度，P は圧力，V は体積である．温度と圧力が一定の条件で G の変化 ΔG を計算すると，
$$\Delta G = \Delta U + \boxed{①} - T\Delta S$$
となる．系が得た熱を Q，系になされた仕事を W とおくと，
$$\Delta U = \boxed{②}$$
であり，エントロピーの定義から，
$$T\Delta S = \boxed{③}$$
である．また，体積変化による仕事を W' とおけば，

エントロピーの定義より，
$$\Delta S = \int \frac{\delta Q}{T}$$
で，この場合，T は一定である．

$$W' = \boxed{④}$$
となる．以上より，
$$\Delta G = \boxed{⑤}$$
が導かれる．$\Delta G < 0$ であれば，系から外界にもたらされるエネルギーの大きさは $\boxed{⑥}$ であり，これは系が外界に対して行う体積変化を除いた仕事を表している．

4・7

つぎの文の空欄に適当な記号または式を入れよ．また，{　}については正しいものを選べ．

$N_2O_4(g)$ から $NO_2(g)$ への変化を考えよう．反応は，
$$N_2O_4(g) \rightleftharpoons 2NO_2(g)$$
である．初めに 1 mol の N_2O_4 があり，そのうち a mol が NO_2 へ変化して平衡状態に達したとする．このとき，生成した NO_2 は $\boxed{①}$ mol であり，未反応の N_2O_4 は $\boxed{②}$ mol である．つまり，全物質量は $\boxed{③}$ mol となるので，平衡状態での N_2O_4 と NO_2 のモル分率はぞれぞれ，$\boxed{④}$，$\boxed{⑤}$ となる．平衡状態で全圧が P であれば，N_2O_4 の分圧は $P(N_2O_4) = \boxed{⑥}$，NO_2 の分圧は $P(NO_2) = \boxed{⑦}$ と表される．

気体の反応での平衡定数は分圧を用いて表現できる．ここでの反応の場合，

$$K = \frac{P(\mathrm{NO}_2)^2}{P(\mathrm{N}_2\mathrm{O}_4)}$$

と書けるので，K を P と a を用いて表すと，

$$K = \boxed{⑧}$$

となり，この式から，

$$a = \boxed{⑨} \tag{1}$$

が導かれる．式 (1) より，全圧が上れば a は {大きく・小さく} なり，平衡は {右・左} に移動する．この結果はル・シャトリエの法則に一致する．

5 化学反応速度論

　化学反応には速やかに進行するものもあれば，ゆっくりと進むものもある．化学反応が進行する速さは，反応物の濃度，反応が起こる温度，触媒や酵素の存在など，さまざまな要因に依存して決まる．

1. 反応速度

　溶液中で，ある物質 A が別の物質 B に変わる反応を考えよう．時間とともに物質 A の濃度は減少し，逆に B の濃度は増える．時間にともなうこれらの変化の割合を**反応速度**という．化学反応の中には，反応速度が反応物 A の濃度に比例するものや，濃度の 2 乗に比例するものがある．前者を **1 次反応**，後者を **2 次反応**という．これらの関係において比例定数を**反応速度定数**あるいは**速度定数**とよぶ．速度定数が大きい反応ほど速く進む．1 次反応と 2 次反応の例を下表にまとめた．

1 次反応の例	2 次反応の例
$2N_2O_5 \longrightarrow 4NO_2 + O_2$	$2HI \longrightarrow H_2 + I_2$
$CS_2 \longrightarrow CS + S$	$2NO_2 \longrightarrow 2NO + O_2$
$C_2H_5NH_2 \longrightarrow C_2H_4 + NH_3$	$NO + O_3 \longrightarrow NO_2 + O_2$
シクロプロパン $\longrightarrow$ プロペン	$C_2H_5Br + OH^- \longrightarrow C_2H_5OH + Br^-$

△　　　　　◇
シクロプロパン　プロペン

　反応が進行して反応物 A の濃度が最初の濃度（これを"初濃度"という）のちょうど半分になるまでに要する時間を**半減期**という．半減期の短い反応は速い反応である．

2. 逐次反応と律速段階

ある物質 A が別の物質 C に変化する化学反応の過程において，物質 A が別の物質 B に変わり，さらに B が物質 C に変わるというように，反応が連続して進行する場合がある．これを**逐次反応**という．A が消費されて C が生成する過程における A から B または B から C へのそれぞれの反応が 1 段階の過程であれば，これらを**素反応**とよぶ．物質 A，B，C の濃度が時間とともにどのように変化するかは，各素反応の速度定数の大きさに依存する．

$$A \longrightarrow B \longrightarrow C$$

逐次反応の速さは，素反応のうち最もゆっくり進む反応の速度によって決められる．このような全体の反応速度を決める素反応は**律速段階**とよばれる．

追越車線のない道路で遅く進む自動車があれば，そのあとに続く自動車もそれに合わせてゆっくり進まざるを得ない．律速段階はこの状況とよく似ている．

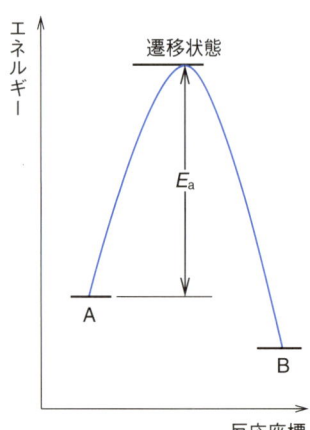

3. 遷移状態と活性化エネルギー

素反応において反応物 A が生成物 B に変化する過程では，初めの状態と終わりの状態よりも高いエネルギーの状態を通って反応が進む（図参照）．この途中の状態を**遷移状態**という．反応物 A が遷移状態に到達するためには外部からエネルギーを供給しなければならない．このエネルギーは遷移状態と反応物のエネルギー差に相当し，**活性化エネルギー**とよばれる（図中の E_a）．たとえば炭素は酸素と反応して二酸化炭素を発生する．これはよく知られた燃焼という反応であるが，室温で空気中に炭を放置しても自動的に燃え出すわけではなく，マッチで火を着けなければならない．これは火を着けることで温度を上げ，活性化エネルギーを越えるエネルギーをもつ炭素原子の割合を増やしているのである．

4. 反応速度を決めるもの

反応が進むためには反応物の分子同士が高いエネルギーをもって互いに衝突しなければならない．この結果，反応速度定数は，分子が効果的に衝突する確率（これを頻度因子という）と E_a を越えるエネルギーをもつ分子の割合の積として与えられる．この関係は**アレニウスの式**（例題 5・7，5・8 参照）で表現される．

また，反応においてそれ自身は変化しないが，活性化エネルギーを下げ

る役割を担う物質がある．これを**触媒**という．触媒の一例は酵素で，図のように**酵素**は特定の基質に反応して複合体を経て生成物をつくるが，遷移状態に相当する複合体のエネルギーは酵素が存在しないときより低くなっている．

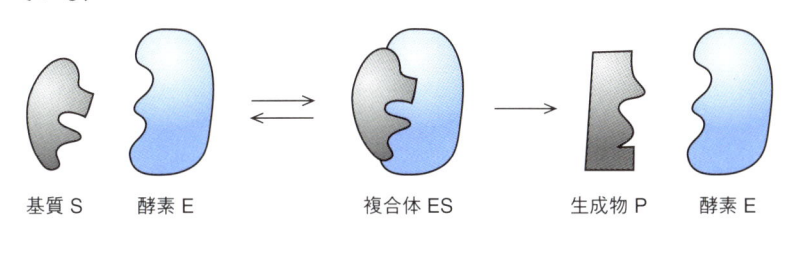

基質と酵素の結合する場所（活性部位）は鍵と鍵穴のように互いにぴったりと適合していると考えられていたが，現在では，酵素の活性部位が，結合の際に基質に合うように少しだけ変化することがわかりつつある．

基質 S　酵素 E　　複合体 ES　　生成物 P　酵素 E

✳✳

例題 5・1　1 次反応の特徴

a）ある物質 A が別の物質 B に変わる反応

$$A \longrightarrow B$$

が 1 次反応であるとき，反応速度 v_1 は速度定数 k_1 を用いてつぎのように表される．

$$v_1 = k_1[A] \tag{1}$$

[A] は A の濃度を表す．1 次反応に関連するつぎの記述のうち，誤っているものはどれか．ただし，記述の中で，t は時間である．また，A の初濃度は $[A]_0$ で，反応が始まる段階で B は存在しない．

① 速度定数が大きいほど反応は遅い．

② 物質 A の濃度が高いほど反応は遅い．

③ $v_1 = \dfrac{d[B]}{dt}$ である．

④ 常に $[A] + [B] = [A]_0$ である．

⑤ 時間が経過しても反応速度は変化しない．

b）設問 a）の式 (1) および $v_1 = -d[A]/dt$ の関係より，

$$\ln \frac{[A]}{[A]_0} = -k_1 t \tag{2}$$

が導かれる．式 (2) が式 (1) を満たすことを確かめよ．また，$t = 0$ のときの A の濃度を導き，初濃度に等しいことを確かめよ．

解答!

a) 誤っているものは ①, ②, ⑤

解説 式 (1) から, k_1 と $[A]$ が大きいほど v_1 が大きいことがわかる. つまり, 反応速度定数が大きく, 物質 A の濃度が高いほど反応速度は大きく, 反応は速く進む. 反応速度は A, B の濃度の時間変化であり, A は単調に減少し, 逆に B は増加するので, $v_1 = -d[A]/dt = d[B]/dt$ で表される. 反応中は A と B 以外の物質は存在しないのでそれぞれの濃度の和は常に一定であり, しかも最初の A の濃度に等しいので, $[A] + [B] = [A]_0$ が成り立つ. また, 反応が進めば A の濃度は減るが, 反応速度は $v_1 = k_1[A]$ (式 (1)) と表現されることから, 時間が経過すると $[A]$ が減少し, 反応速度も減少する.

以上のことから, ③ と ④ の記述は正しく, ①, ②, ⑤ は誤りである.

b) 式 (2) より,

$$\ln [A] = -k_1 t + \ln [A]_0 \tag{3}$$

が成り立つので, 式 (3) の両辺を t で微分すると,

$$\frac{1}{[A]} \frac{d[A]}{dt} = -k_1$$

であり, 変形すれば,

$$-\frac{d[A]}{dt} = k_1[A] = v_1$$

となる. また, 式 (3) に $t = 0$ を代入すると, $[A] = [A]_0$ が得られる.

****

例題 5・2　1 次反応の解析

a) 例題 5・1 b) の式 (2) の関係をグラフに表し, グラフから, k_1 と $[A]_0$ がどのようにして求められるかを説明せよ.

b) 気体の N_2O_5 の熱分解反応を解析したところ, 図のような結果が得られた. これに基づき, つぎの文の空欄に適当な数値を入れよ.

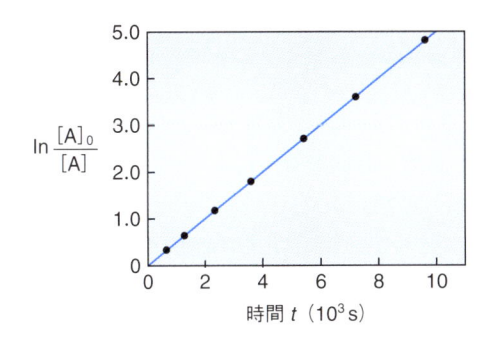

N_2O_5 の熱分解反応は 1 次反応であり，速度定数は $k_1 =$ ① s^{-1} と見積もることができる．また，4000 s 後に存在している N_2O_5 の物質量は，反応開始時の N_2O_5 の物質量の ② ％である．

解答

a) 例題 5・1 b) の解答の式 (3) を参考にして，縦軸に $\ln [A]$，横軸に t をとってグラフを描くと図のようになる．グラフは右下がりの直線であり，縦軸との切片が $\ln [A]_0$ を与え，グラフの傾きが $-k_1$ に相当する．

b) ① 5.0×10^{-4}，② 13.5

解説 速度定数 k_1 はグラフの直線の傾きに等しい．たとえば，時間が 10000 s のときの縦軸の値は 5.0 であるから，$k_1 = 5.0 \times 10^{-4} \, s^{-1}$ である．また，4000 s 後の縦軸の値は 2.0 である．つまり，

$$\ln \frac{[A]_0}{[A]} = 2.0$$

であるから，

$$\frac{[A]}{[A]_0} = e^{-2} = 0.135$$

より，初めに存在した N_2O_5 のうち 13.5 ％が残っている．

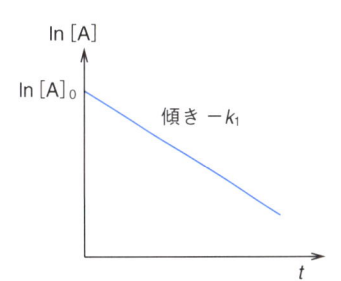

****

例題 5・3　2 次反応

a) つぎの文の空欄に適当な式を入れよ．

ここでの反応は，1種類の反応物Aから生成物Cが生じる2次反応を扱っている．種類の異なる反応物AとBから1種類の生成物Cが生じる2次反応については練習問題5・3で取上げる．

物質Aから物質Cが生成する反応が2次反応であれば，反応速度は，

$$-\frac{d[A]}{dt} = k_2[A]^2 \qquad (1)$$

で表される．この微分方程式を解くに当たり，二つの変数，$[A]$ と t を分離しよう．すなわち式 (1) から，

$$\boxed{①} = k_2 dt \qquad (2)$$

が導かれる．時刻 $t=0$ のとき $[A]=[A]_0$ であり，また，時刻が $t=t_1$ になったときの濃度が $[A]=[A]_1$ であるとすれば，式 (2) の右辺を0から t_1 まで積分して得られる結果は，左辺を $[A]_0$ から $[A]_1$ まで積分して得られる結果と等しいはずである．つまり，

$$\boxed{②} = \int_0^{t_1} k_2 \, dt$$

が成り立ち，積分を実行すると，

$$\boxed{③} = k_2 t_1$$

が得られる．ここで，改めて t_1 を t とおき，$[A]_1$ を $[A]$ とおくと，2次反応における時間 t と濃度 $[A]$ の関係として，

$$\boxed{④} = k_2 t \qquad (3)$$

が導かれる．

b) 設問 a) の式 (3) の関係をグラフに表し，グラフから k_2 を求める方法を説明せよ．

解答!

a) ① $-\dfrac{d[A]}{[A]^2}$，② $-\displaystyle\int_{[A]_0}^{[A]_1} \dfrac{1}{[A]^2} d[A]$，③ $\dfrac{1}{[A]_1} - \dfrac{1}{[A]_0}$，

④ $\dfrac{1}{[A]} - \dfrac{1}{[A]_0}$

b) 縦軸に $1/[A]$，横軸に t をとって式 (3) をグラフで表すと図のようになる．グラフは直線になり，直線の傾きが k_2 である．

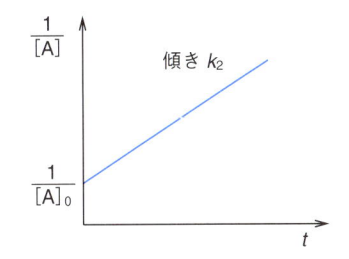

例題 5・4 半減期

a) つぎの文の空欄に適当な式を入れよ．

例題 5・1〜5・3 で学んだとおり，1 次反応では，

$$\ln[A] = -k_1 t + \ln[A]_0 \quad (1)$$

の関係が得られ，2 次反応では，

$$\frac{1}{[A]} - \frac{1}{[A]_0} = k_2 t \quad (2)$$

が成り立つ．反応の半減期は $[A] = \boxed{①}$ となるときの時間であるので，式 (1) より 1 次反応の半減期は $\boxed{②}$ となり，式 (2) より 2 次反応の半減期は $\boxed{③}$ と表される．

b) 1 次反応における反応物 A の濃度 $[A]$ と時間 t の関係は下の図のようになる．すなわち，半減期はどの時刻を基準にとっても濃度にはよらず一定である．同様の図を 2 次反応に対して描け．

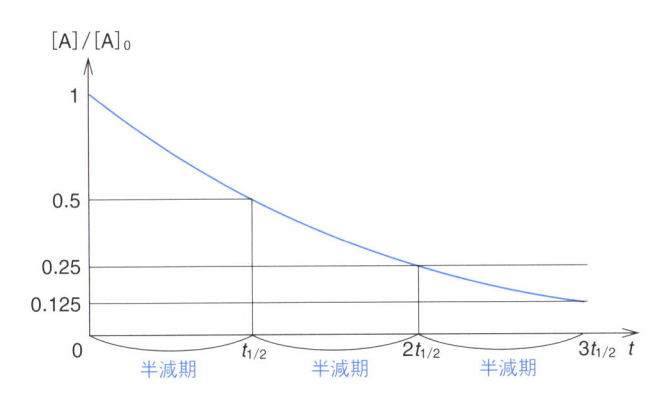

1 次反応と 2 次反応では反応速度式が異なるので，当然，濃度の時間変化の表現も異なる．半減期は物質の濃度が半分になるまでに要する時間である．1 次反応では半減期は反応速度定数のみに依存するが，2 次反応では初濃度にも依存することに注意しよう．

2 次反応では半減期が濃度に依存するため，図に示されているように反応後の時間によって半減期は変化する．設問 a）からわかるように，2 次反応の半減期は初濃度に反比例するから，時間とともに反応物の濃度が減少すると半減期は長くなっていく．

解答

a) ① $\dfrac{1}{2}[A]_0$, ② $\dfrac{\ln 2}{k_1}$, ③ $\dfrac{1}{k_2[A]_0}$

b) 下図のようになる．

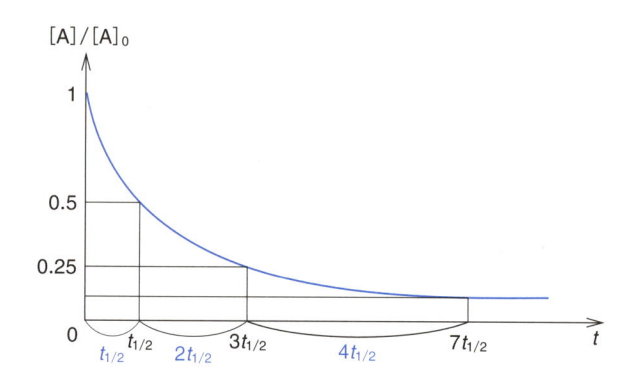

※※

例題 5・5　逐次反応

物質 A から物質 B への変化を反応 I，物質 B から物質 C への変化を反応 II とし，それぞれの反応の速度定数を k_a, k_b とする．また，反応の開始の段階では物質 A のみが存在すると仮定する．

$$A \xrightarrow[\text{I}]{k_a} B \xrightarrow[\text{II}]{k_b} C$$

a）つぎの記述のうち，誤っているものはどれか．

① 物質 A の濃度は時間とともに単調に減少する．
② 物質 C の濃度は時間とともに単調に増加する．
③ $k_a > k_b$ であれば，物質 B の濃度は時間によらず小さい値となる．
④ $k_a > k_b$ であれば，律速段階は反応 I である．
⑤ 物質 A の初濃度が $[A]_0$ であれば，常に $[A] + [B] + [C] = [A]_0$ である．

b）縦軸に濃度，横軸に時間をとって，ア）$k_a > k_b$ およびイ）$k_a < k_b$ の場合について，物質 A, B, C の濃度が時間とともにどのように変化するかを模式的に描け．

解答!

a) 誤っているものは ③, ④

解説 反応の開始の段階では物質 A のみがあり，時間とともにそれが物質 B に変化し，さらに B が最終生成物である C に変わるので，時間とともに A は減少し続け，逆に C は増え続けて，やがては反応が終了する．よって，① と ② の記述は正しい．$k_a > k_b$ であれば，A から B への変化は速やかに起こり，B から C への変化が遅いため，反応の開始からしばらくは時間の経過とともに物質 B の濃度が増加してゆく．逆に $k_a < k_b$ であれば，A から B への変化が遅く，B から C への変化が速やかに起こるため，A から生成した B は直ちに C に変化することになり，時間が経っても B の濃度は低い．記述 ③ は $k_a < k_b$ の場合を表している．また，$k_a > k_b$ であれば，B から C への変化，つまり反応 II が遅く，全体の反応時間を決めることになる．よって，律速段階は反応 II であって，④ の記述は誤りである．

反応の開始時に物質 A のみが存在し，その濃度が $[A]_0$ であれば，反応が進行しても A から変化した B および C の濃度をすべて足せば $[A]_0$ に等しくなるはずである．つまり，$[A] + [B] + [C] = [A]_0$ が成り立つので，⑤ の記述は正しい．

b)

ア) $k_a > k_b$

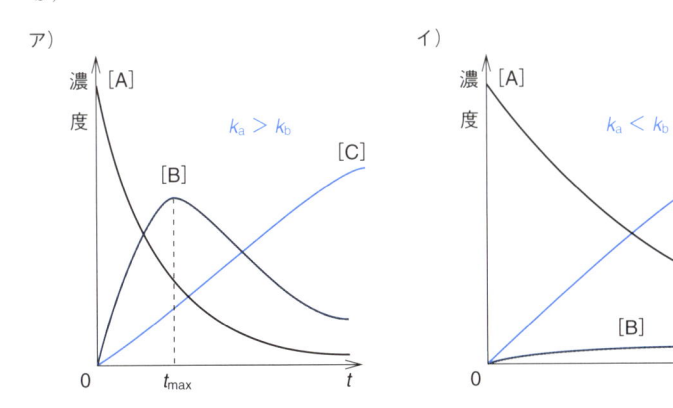

イ) $k_a < k_b$

解説 設問 a) の解答で説明したように，$k_a > k_b$ の場合と $k_a < k_b$ の場合の違いは物質 B の濃度の時間変化に反映される．$k_a > k_b$ のときには反

応IIがゆっくりと進むので，物質Aから生成した物質Bはなかなか消費されず，その濃度は時間とともに高くなるが，やがて物質Aが少なくなるためBの濃度も減少に転じる．このため，[B]はある時刻 t_{max} で極大となる．$k_a < k_b$ では反応Iが律速段階で，生成した物質Bは速やかに物質Cに変わるのでBの濃度は常に低い．

✳✳✳

例題 5・6 遷移状態と活性化エネルギー

a）つぎの記述のうち，誤っているものはどれか．
① 化学反応の経路を反応座標という．
② 遷移状態は，反応の経路においてエネルギーが極大となる状態である．
③ 触媒には反応熱を大きくする働きがある．
④ 触媒には反応速度を大きくする働きがある．
⑤ 酵素反応において，酵素は活性化エネルギーを小さくする役割を担う．
⑥ 酵素反応では，基質と酵素の複合体を経て反応が進む．

b）つぎの図は，ある化学反応に対して，反応の進行にともなう系のエネルギー E の変化を模式的に表したものである．この反応の ア）活性化エネルギーと イ）反応エンタルピーを図中の記号を用いて表せ．ただし，ここでの反応は一定圧力下で進んでいるものとする．

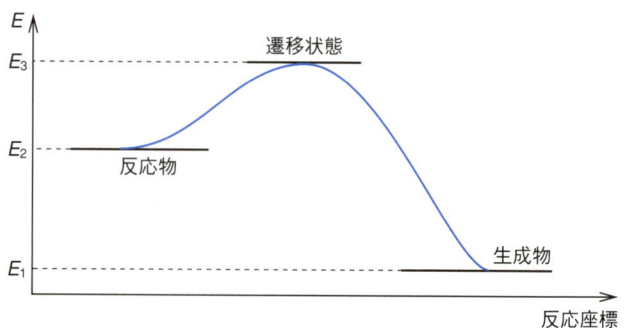

解答!

a) 誤っているものは ③

解説 反応物から生成物への変化では，反応物を形成している化学結合が切れ，新たに別の化学結合がつくられて生成物が生じるという過程により反応が進む．このように実際に化学反応が進んでいく経路を**反応座標**という．反応の経路において，エネルギーが極大となる状態が**遷移状態**である．遷移状態と反応物とのエネルギー差が**活性化エネルギー**であり，反応が進むためにはこのエネルギーを越えなければならない．**触媒**や**酵素**はこの活性化エネルギーを小さくして反応を進みやすくする（つまり，反応速度を大きくする）働きがある．触媒が存在しても反応エンタルピー（つぎの設問 b) を参照）は影響を受けない．酵素反応では，反応の途中の段階で基質と酵素の複合体を経る．複合体は遷移状態に相当する．

酵素反応に関しては練習問題 5・6 を参照のこと．

b) ア) $E_3 - E_2$, イ) $E_1 - E_2$

解説 設問 a) で学んだように，化学反応の途中でエネルギーが極大となる遷移状態が現れる．反応物が遷移状態に達するために必要なエネルギーが活性化エネルギーである．また，生成物のエネルギー（エンタルピー）から反応物のエネルギー（エンタルピー）を引いたものが反応エンタルピーであり，図では反応物より生成物のほうが低いエネルギーをもち，反応は熱の発生をともなう．

いい換えると反応エンタルピーは負で，この反応は発熱反応である．

例題 5・7 反応速度とアレニウスの式

a) つぎの文の空欄に適当な語句を入れよ．また，{ } については正しいものを選べ．

化学反応により分子が他の分子に変化する最初の過程では，反応にあずかる分子同士が出会わなければならない．つまり，分子が互いに衝突してはじめて反応が進行する．また，せっかく分子同士が衝突しても分子が反応に必要なエネルギーをもっていなければ，反応は進まない．よって，反応速度定数は分子の ① と，② を越えるエネルギーをもつ分子の割合の積の形で表現することができる．式で表せば，

104   5. 化学反応速度論

exp($-E_a/RT$)の項は，ある温度Tで活性化エネルギーE_aを越えるエネルギーをもつ分子の割合を表す．分子のエネルギーとそのエネルギーをもつ分子の数の分布は，下図のように表される．この分布は**マクスウェル-ボルツマン分布**とよばれる．これは3章の例題3·4で述べたマクスウェルの速度分布を一般化したものである．

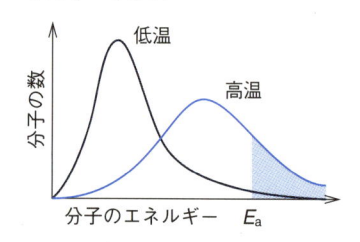

$$k = A\exp\left(-\frac{E_a}{RT}\right) \quad (1)$$

となる．ここで，Aは ③ ，E_aは ④ ，Rは気体定数，Tは温度である．この式から，E_aが｛大きい・小さい｝ほど，また，Tが｛高い・低い｝ほど，反応速度は大きくなることがわかる．式(1)を ⑤ の式という．

b) 設問a)の式(1)を，縦軸に$\ln k$，横軸に$1/T$をとってグラフとして表すと，図のように右下がりの直線となる．このグラフから，AおよびE_aを求める方法を説明せよ．

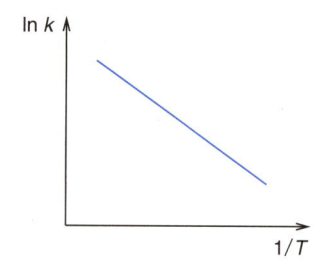

解答

a) ① 頻度因子，② 活性化エネルギー，③ 頻度因子，④ 活性化エネルギー，⑤ アレニウス，｛大きい・小さい｝，｛高い・低い｝

解説 アレニウスの式において，活性化エネルギーE_aが小さいほど，また，温度Tが高いほど指数の項は大きくなり，反応速度定数kも大きくなることがわかる．活性化エネルギーが小さく温度が高いほど反応が進行しやすいことは直感的に理解できるが，アレニウスの式はこのことを定量的に表している．また，頻度因子が大きいほど反応速度は大きい．このこともアレニウスの式に反映されている．

b) アレニウスの式より，

$$\ln k = \ln A - \frac{E_a}{RT}$$

が導かれる．したがって，$\ln k$は$1/T$に比例することになり，両者の関係をグラフで表すと直線となる．直線の傾きは$-E_a/R$であり，よって，

化学反応においてさまざまな温度で反応速度定数を実験的に求め，温度の逆数と反応速度定数の対数との関係を設問b)のグラフのようにプロットすれば，対象としている反応の活性化エネルギーや頻度因子が求められる．このような方法は化学反応のみならず，物質の拡散過程や固体の電気伝導度などの解析にも応用されている．

グラフから傾きを求めてその値に気体定数を掛ければ活性化エネルギーが計算できる．また，グラフの縦軸との切片は $\ln A$ であるから，切片から頻度因子を見積もることができる．

* * *

例題 5・8　アレニウスの式による解析

a) 下図は水素とヨウ素からヨウ化水素が生成する反応

$$H_2(g) + I_2(g) \longrightarrow 2HI(g)$$

の反応速度定数の温度依存性である．

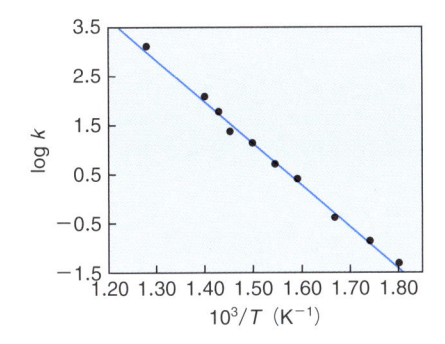

アレニウスの式を用いてこの反応の活性化エネルギーを求めてみよう．縦軸が $\ln k$ ではなく $\log k$ であることに注意しよう．たとえば，$\log k = 2.5$ および $\log k = -0.5$ のときの $1/T$ の値をグラフから読み取り，活性化エネルギーを計算せよ．ただし，気体定数は $R = 8.314 \, \mathrm{J\,K^{-1}\,mol^{-1}}$ である．答えは有効数字 2 桁まで求めよ．

b) 温度 T_0 において，ある反応の活性化エネルギーが E_0 であった．触媒の存在により，温度 T_0 におけるこの反応の活性化エネルギーが，触媒が存在しないときと比べて半分まで減少したとする．温度 T_0 において，触媒が存在するときの速度定数は，存在しないときの速度定数の何倍か．T_0, E_0 を用いて表せ．

解答

a) まず，$\log k = 2.5$ および $\log k = -0.5$ のときの $1/T$ の値をグラフから読み取ると，$\log k = 2.5$ に対して $1/T = 1.34 \times 10^{-3} \, \mathrm{K^{-1}}$，$\log k = -0.5$

に対して $1/T = 1.69 \times 10^{-3}\,\mathrm{K^{-1}}$ が得られる．アレニウスの式は，

$$\ln k = \ln A - \frac{E_\mathrm{a}}{RT}$$

であり，また，$\ln k = \ln 10 \times \log k = 2.303 \log k$ であるから，$\log k = 2.5$ および $\log k = -0.5$ に対して，

$$2.303 \times 2.5 = \ln A - \frac{E_\mathrm{a}}{R} \times (1.34 \times 10^{-3}\,\mathrm{K^{-1}}) \qquad (1)$$

$$2.303 \times (-0.5) = \ln A - \frac{E_\mathrm{a}}{R} \times (1.69 \times 10^{-3}\,\mathrm{K^{-1}}) \qquad (2)$$

が成り立つ．式 (1)，(2) より，

$$2.303 \times 3.0 = -\frac{E_\mathrm{a}}{R} \times (-0.35 \times 10^{-3}\,\mathrm{K^{-1}})$$

が導かれるので，$R = 8.314\,\mathrm{J\,K^{-1}\,mol^{-1}}$ を代入して，$E_\mathrm{a} = 1.6 \times 10^2\,\mathrm{kJ\,mol^{-1}}$ が得られる．

b）触媒が存在しないときの速度定数を k_0，存在するときの速度定数を k とおく．アレニウスの式より，

$$\ln k_0 = \ln A - \frac{E_0}{RT_0} \qquad (3)$$

および

$$\ln k = \ln A - \frac{E_0}{2RT_0} \qquad (4)$$

が成り立つ．式 (4) − 式 (3) より，

$$\ln \frac{k}{k_0} = -\frac{E_0}{2RT_0} - \left(-\frac{E_0}{RT_0}\right) = \frac{E_0}{2RT_0}$$

であるから，

$$\frac{k}{k_0} = \exp\left(\frac{E_0}{2RT_0}\right)$$

となって，触媒が存在するときの速度定数は，存在しないときの速度定数と比べて $\exp(E_0/2RT_0)$ 倍だけ大きくなる．

たとえば，活性化エネルギーが 100 kJ mol^{-1} で，反応温度が 500 K であれば，

$$\exp\left(\frac{E_0}{2RT_0}\right) =$$
$$\exp\left(\frac{100 \times 10^3\,\mathrm{J\,mol^{-1}}}{2 \times 8.314\,\mathrm{J\,K^{-1}\,mol^{-1}} \times 500\,\mathrm{K}}\right)$$
$$\approx \mathrm{e}^{12} = 162755$$

より，反応速度は 16 万倍も増加する．

練習問題

5・1

つぎの記述のうち，誤っているものはどれか．
① どのような反応でも，反応速度定数の単位は s^{-1} のように時間の逆数で表される．
② 1次反応と2次反応において，半減期は反応速度定数に反比例する．
③ 反応物の濃度が高くなると，衝突頻度は減少する．
④ 触媒が存在すると，正反応も逆反応も反応速度が増加する．
⑤ 2次反応では時間とともに反応速度が速くなる．

5・2

反応速度が反応物の濃度に依存しない反応，すなわち，

$$-\frac{d[A]}{dt} = k_0$$

を0次反応という．

a) 初濃度が $[A]_0$ であるとき，$[A]$ と t の関係を表す式が，

$$[A] = [A]_0 - k_0 t$$

となることを導け．また，この関係をグラフで表すとどうなるか．模式的に描け．

b) 0次反応の半減期を，$[A]_0$ と k_0 を用いて表せ．

5・3

反応 A + B → C は2次反応であり，反応開始前のAとBの濃度がそれぞれ $[A]_0$ と $[B]_0$ であるとする．ただし，$[A]_0 \neq [B]_0$ である．時刻 t における生成物Cの濃度を x とおく．

a) つぎの文の空欄に適当な式を入れよ．

時刻 t における反応物Aの濃度 $[A]$ と反応物Bの濃度 $[B]$ を $[A]_0$，$[B]_0$，x を用いて表すと，

$$[A] = \boxed{①} \tag{1}$$

$$[B] = \boxed{②} \tag{2}$$

となる．一方，この反応は2次反応であるから，生成物Cが生じる速度に対して次式が成り立つ．

$$\frac{dx}{dt} = k_2 [A][B] \tag{3}$$

ただし，k_2 は反応速度定数である．式 (3) に式 (1) と (2) を代入すると，

$$\frac{dx}{dt} = \boxed{③} \tag{4}$$

が得られる．

例題 5・3 や練習問題 5・2 の解法を参考にせよ．

b）設問 a）の式 (4) の微分方程式を解くことにより，反応物 A と B の濃度の時間変化に対して次式が成り立つことを示せ．

$$\frac{1}{[A]_0 - [B]_0} \ln \frac{[A][B]_0}{[A]_0 [B]} = k_2 t$$

5・4

つぎの文の空欄に適当な数値を入れよ．

ある化学反応の活性化エネルギーは 50.0 kJ mol^{-1} である．この反応の 400 K における反応速度定数は，300 K における反応速度定数の $\boxed{①}$ 倍である．触媒の存在により 300 K における反応速度定数が 1000 倍に増加したとすると，この触媒は活性化エネルギーを 50.0 kJ mol^{-1} から $\boxed{②}$ kJ mol^{-1} まで減少させたことになる．

5・5

つぎの文の空欄に適当な数値を入れよ．また，{ } については正しいものを選べ．

炭素の同位体の一つである ^{14}C が ^{14}N に変化する核反応

$$^{14}C \longrightarrow {}^{14}N + e^-$$

は1次反応であることが知られている．この反応の半減期は 5730 年である．よって，反応速度定数は，$\boxed{①}$ s^{-1} である．

初めに存在した ^{14}C のうち 20％が ^{14}N に変換されるまでに要する時間は $\boxed{②}$ 年であり，その時点から 17190 年後に存在している ^{14}C の数は最初の値の $\boxed{③}$ ％である．

この核反応は年代測定に利用される．生物の体内には ^{14}C が存在するが，生物の死後は上記の核反応により体内の ^{14}C が壊変し続けるため，^{12}C に対する ^{14}C の濃度が時間とともに減少する．したがって遺跡や考古学の試料に含まれる ^{14}C の濃度を調べることにより，それが何年前のものかを知ることができる．大気中の炭素の同位体のうち ^{14}C の割合は 1.2×10^{-12} である．技術的な観点からの ^{14}C の割合の測定限界が 1.0×10^{-15} であれば，この方法では約 {5, 10, 20, 50, 100, 200} 万年前より新しい試料が解析できる．

たとえば，植物は大気中の CO_2 を吸収するため内部には炭素原子が含まれる．また，貝類の殻は $CaCO_3$ でできている．

5・6

つぎの文の空欄に適当な記号および式を入れよ．

酵素が触媒として働く反応の速度定数を考察しよう．酵素を E，基質を S で表すと，これらは複合体 ES を経て生成物 P と元の酵素 E へと変化する．素反応の速度定数も考慮して，この過程をつぎのように表す．

$$E + S \underset{k_{-1}}{\overset{k_1}{\rightleftharpoons}} ES \xrightarrow{k_2} P + E$$

ただし，k_1, k_{-1}, k_2 はそれぞれの素反応の速度定数である．この反応の律速段階が複合体 ES から生成物 P が生じる過程である場合，反応速度 v は ES の濃度 [ES] を用いて，

$$v = \boxed{①} \tag{1}$$

と表すことができる．複合体は生成と分解を繰返し，その濃度は時間が経っても変化しないとすれば，

$$\frac{d[ES]}{dt} = 0 \tag{2}$$

である．これを，複合体は定常状態にあると表現する．一方，ES の生成速度を E の濃度 [E]，S の濃度 [S]，および 3 種類の反応速度定数を用いて表すと，

$$\frac{d[ES]}{dt} = \boxed{②} \tag{3}$$

であるから，式 (2) と式 (3) とから，

$$\boxed{③} = 0 \tag{4}$$

が得られる．また，酵素の全濃度を $[E]_0$ とすれば，これは $[E]$ と $[ES]$ を用いて，

$$[E]_0 = \boxed{④} \tag{5}$$

と書くことができるので，式 (4) と式 (5) から，$[ES]$ は $[E]_0$，$[S]$ と反応速度定数を用いて，

$$[ES] = \boxed{⑤} \tag{6}$$

と表すことができる．これを式 (1) に代入し，

$$K_M = \frac{k_{-1} + k_2}{k_1}$$

とおけば，酵素が触媒として基質を生成物に変換する反応の速度 v は，

$$v = \boxed{⑥} \tag{7}$$

と表現できる．

式 (7) をミカエリス-メンテンの式といい，酵素の反応を解析する標準的な理論となっている．式 (7) の K_M をミカエリス定数とよぶ．

6 溶液の化学

　溶液は混合物の一つであり，溶けている物質と溶かしている物質とからなる．前者が**溶質**，後者が**溶媒**であり，砂糖水なら砂糖が溶質で，水が溶媒である．溶質は固体，液体，気体のいずれの状態も一般的である．それに対して溶媒は液体であることが多いが，なかには固体が固体中に溶ける現象もある．これを固溶体という．この章では溶媒としてはもっぱら液体を扱う．

1. 溶解度

　溶質には溶媒によく溶けるものと溶けないものがある．溶質が溶媒に溶ける程度を表す量の一つに**溶解度**がある．固体の液体に対する溶解度は，溶媒 100 g に溶ける固体の質量の最大値で表すことが多い．一般に固体の溶解度は温度とともに上昇するが，気体の溶解度は温度が上昇すると低下する．

これらはいずれも日常的によく経験することであろう．たとえば，砂糖は常温の水より湯によく溶ける．また，炭酸水は温度が上がると炭酸ガスが抜けてしまう．

表は，0℃および100℃において 1 dm^3 の水に溶ける気体の体積を示す．

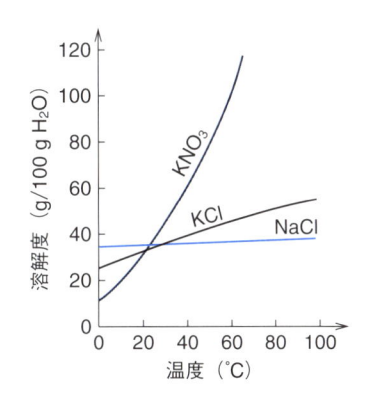

気体	体積 (cm^3)	
	0℃	100℃
H_2	2.1×10^{-2}	1.6×10^{-2}
N_2	2.31	0.95
O_2	4.89	1.70

2. 濃度

 溶媒中に溶けている溶質の量を表す指標が**濃度**であり，その表現にはさまざまなものがある．溶液の濃度の主な表現を下表にまとめておく．ただし，溶媒 A と溶質 B に対して，それぞれの物質量を n_A, n_B，溶媒の質量を W_A (kg)，溶液の体積を V (dm³) とした．

名 称	表 現	単 位
モル分率	$x_B = \dfrac{n_B}{n_A + n_B}$	無次元
モル濃度	$c_B = \dfrac{n_B}{V}$	mol dm^{-3}
質量モル濃度	$m_B = \dfrac{n_B}{W_A}$	mol kg^{-1}

3. 溶液と蒸気圧

 ある液体に別の液体が溶けた溶液において，それぞれの液体が示す蒸気圧はそれらのモル分率に依存して変化する．理想溶液では，各成分の蒸気圧は，その成分が純粋な液体の状態で示す蒸気圧に溶液におけるモル分率を掛けたものになる．一般の実在溶液ではこの関係から逸脱する．また，不揮発性の溶質が溶けた溶媒の蒸気圧は，これが純粋な液体として存在する場合と比べて低下する．これにともなって，溶液中の溶媒の沸点は純粋な液体と比べると上昇し，逆に凝固点は低下する．

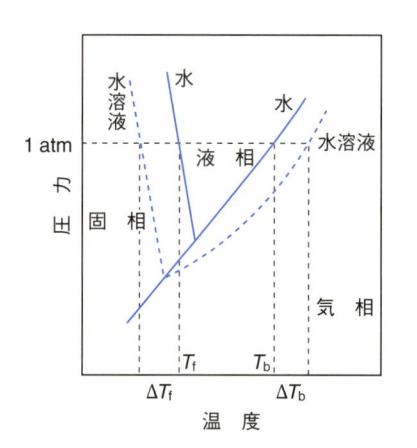

図中の T_b は沸点，T_f は凝固点であり，ΔT_b は沸点上昇，ΔT_f は凝固点降下を表す．

4. 浸 透 圧

水分子のような小さい分子は通すが，砂糖分子のような大きな分子は通さない膜を**半透膜**という．図のように底に半透膜を張ったピストンをつくり，砂糖水を入れて純水の槽に沈めると，純水が半透膜を通ってピストン内に入り（この現象を浸透という），ピストンのハンドルを持ち上げる．逆に純水の浸透を防ぐためには，ピストンを押して元の高さに保たなければならない．このときに必要とされる圧力を**浸透圧**という．

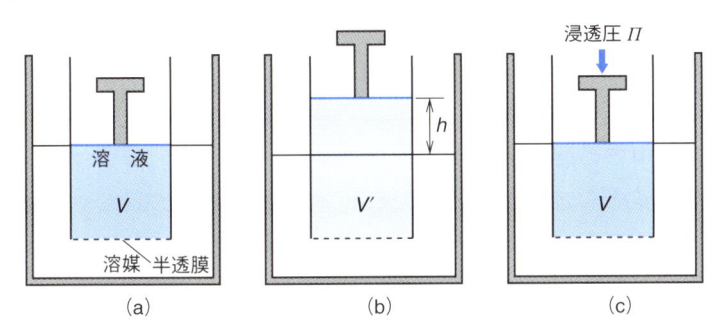

5. 溶 媒 和

溶質が溶媒に溶けると，溶媒分子が溶質分子のまわりに寄ってきて，分子間力で弱く結合する．これを**溶媒和**という．溶媒が水の場合には特に**水和**という．水和の結合力は水素結合である．イオン結晶が水に溶けると，陽イオンには水分子の負に帯電した酸素原子が結合し，陰イオンには正に帯電した水素原子が結合する．

油はイオン結晶のように帯電した部分がないため水には溶けない．

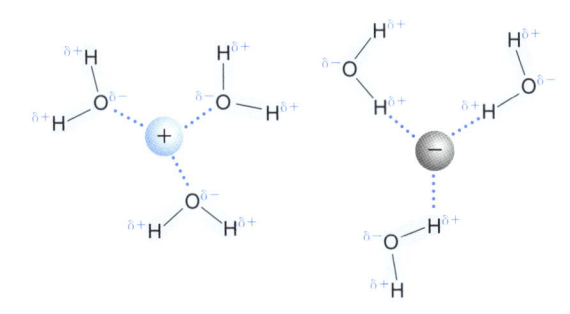

6. 溶液の酸性と塩基性

酸と塩基の概念は溶液に限られたものではないが，水溶液がさまざまな

酸	酸解離定数
HCl	10^7
H_2SO_4	10^2
H_3PO_4	7.3×10^{-3}
H_2CO_3	4.3×10^{-7}
CH_3COOH	1.8×10^{-5}
H_3O^+	1
HCO_3^-	4.7×10^{-11}

表のデータは 25℃ の酸性溶液中での反応に対応する.また,電位の基準は $2H^+ + 2e^- = H_2$ の反応である.例題 6・6 の解説も参照のこと.

pH を示すことも事実である.**酸**は水との反応で $H^+(H_3O^+)$ を放出する.この反応の平衡定数を**酸解離定数**という.酸解離定数が大きい酸は強い酸である.一方,**塩基**は水との反応で OH^- を放出するか,H^+ を受取る.この反応の平衡定数を**塩基解離定数**といい,この値が大きいほど強い塩基である.たとえば,HCl と水との反応

$$HCl + H_2O \longrightarrow H_3O^+ + Cl^-$$

では HCl は酸,H_2O は塩基として作用する.また,生成物の H_3O^+ は逆反応では酸,Cl^- は塩基である.これらは**共役酸**,**共役塩基**とよばれる.いくつかの酸の酸解離定数を表にまとめておく.

7. 溶液中での酸化還元反応

酸化還元を伴う溶液中での化学反応の典型的な例は電気分解や電池など電気化学の領域に見ることができる.**電池**は化学エネルギーを電気エネルギーに変えるシステムであり,酸化還元反応における電子の移動を外部回路に取出すことによって電気エネルギーを得る.また,電気化学的なデータを利用して,反応の平衡定数,溶解度定数(溶解度積),pH などを知ることができる.電池の起電力などを見積もる際に利用される標準電極電位の値をいくつかの系に対して下表に示しておく.

電 極	$E°$ (V)	電 極	$E°$ (V)
$Li^+ + e^- = Li$	-3.045	$2H^+ + 2e^- = H_2$	0
$K^+ + e^- = K$	-2.925	$Cu^{2+} + 2e^- = Cu$	0.337
$Ca^{2+} + 2e^- = Ca$	-2.866	$I_3^- + 2e^- = 3I^-$	0.536
$Na^+ + e^- = Na$	-2.714	$Ag^+ + e^- = Ag$	0.7991
$Al^{3+} + 3e^- = Al$	-1.662	$O_2 + 4H^+ + 4e^- = 2H_2O(l)$	1.229
$Zn^{2+} + 2e^- = Zn$	-0.7628	$F_2 + 2e^- = 2F^-$	2.87
$Fe^{2+} + 2e^- = Fe$	-0.4402		

****

例題 6・1 理想溶液と希薄溶液

a) ある液体 A に別の液体 B が溶けている溶液(あるいは 2 種類の液体 A と B の混合物)において,純粋な液体 A の蒸気圧を P_A^*,溶液(混合液体)における A の蒸気圧を P_A,A のモル分率を x_A とすると,

$$P_A = x_A P_A^* \qquad (1)$$

が成り立つ場合，この混合液体を**理想溶液**という．また，式 (1) の関係を**ラウールの法則**という．

図はベンゼンとトルエンの混合液体における各成分の蒸気圧と液体中のベンゼンのモル分率との関係を示したものである．いずれの物質に対しても，混合液体中での蒸気圧はモル分率に比例していることから，ベンゼンとトルエンの混合液体は理想溶液である．ベンゼンのモル分率を x_A として混合液体の全蒸気圧 P を式で表し，図中に全蒸気圧を示す線を描け．

b) 液体の溶媒 A に液体の溶質 B が少量だけ溶けているような希薄溶液の場合，溶質 B の蒸気圧 P_B は溶液中の B のモル分率 x_B を用いて，

$$P_B = x_B K_B$$

と表される．K_B は定数で，物質の種類と温度に依存する．これを**ヘンリーの法則**という．ヘンリーの法則は「一定温度の下で，一定量の液体に溶ける気体の質量は圧力に比例する」とも表現される．

図はある溶液中での溶質 B のモル分率 x_B と蒸気圧 P_B との関係を表している．ヘンリーの法則とラウールの法則が成り立つ場合の x_B と P_B の関係を図に描け．また，蒸気圧が P_B^* および K_B となる位置を図中に示せ．

解答

a) 純粋なベンゼンとトルエンの蒸気圧をそれぞれ P_A^*，P_B^* とし，混合液体中でのベンゼンとトルエンのモル分率をそれぞれ x_A，x_B とすると，

$$P_A = x_A P_A^*, \quad P_B = x_B P_B^*$$

であるから，$x_A + x_B = 1$ であることを用いると，全蒸気圧 P は，

$$P = P_A + P_B = x_A P_A^* + x_B P_B^* = x_A P_A^* + (1 - x_A) P_B^*$$
$$= P_B^* + (P_A^* - P_B^*) x_A$$

と表される．いまの場合，図から純粋なベンゼンとトルエンの蒸気圧はそれぞれ $P_A^* = 10 \text{ kPa}$，$P_B^* = 3 \text{ kPa}$ であるから，全蒸気圧は $P \text{ (kPa)} = 3 + 7 x_A$ となる．これを図示すると右のようになる．

b) つぎの図のようになる．ラウールの法則が成り立つときは $P_B = x_B P_B^*$ であり，P_B^* は純粋な液体 B の蒸気圧であるから，実際の蒸気圧を

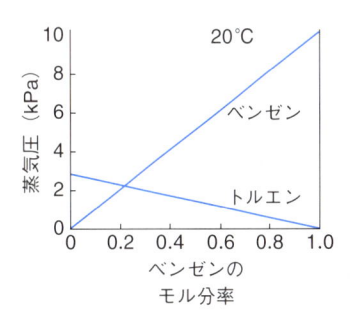

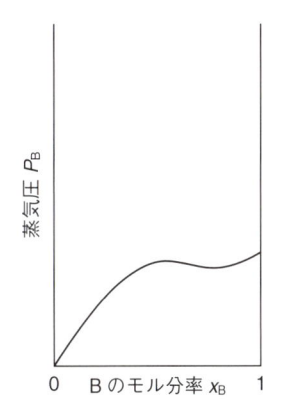

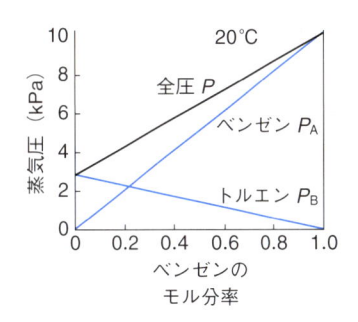

表す曲線（黒の曲線）が $x_B = 1$ と交わる点に相当する．よって，$P_B = x_B P_B^*$ を描けば図中の下の直線となる．一方，ヘンリーの法則は x_B が小さい領域で成り立つから，$x_B = 0$ の近傍で黒の曲線の接線を引けば，それが $P_B = x_B K_B$ の関係を表し，K_B は $x_B = 1$ の縦軸と交わる点となる．

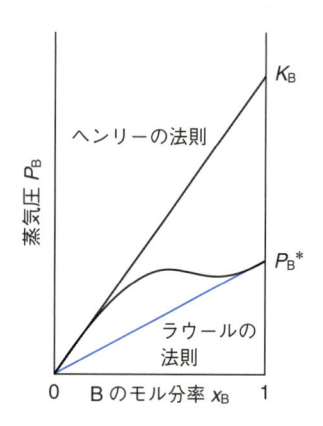

※※※

例題6・2 蒸気圧曲線と沸点上昇

a) 図は不揮発性の溶質を溶かした水溶液の蒸気圧曲線である．図の縦軸は蒸気圧であり，横軸は温度である．曲線 A は純水の蒸気圧曲線であり，B は水溶液の蒸気圧曲線である．水溶液の蒸気圧が常に純水の蒸気圧より低くなっている．この理由をエントロピーの観点から述べよ．

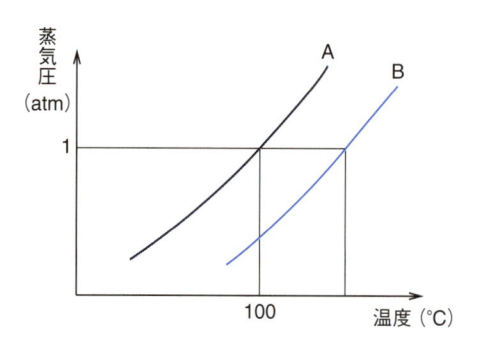

b) 設問 a) の図に関して，つぎの文の空欄に適当な語句または数字を

入れよ.

　液体の ① が 1 atm に等しくなる温度が **沸点**（標準沸点）である. 図中の水平線は 1 atm を示す直線である. この直線と曲線 A，B の交わる点の温度を見てみよう. 曲線 A との交点の温度は 100°C であり，これは純水の 1 atm での沸点は 100°C であるという事実を示すものである. しかし，曲線 B との交点の温度は 100°C より高くなっている. このように，溶液の沸点が上昇することを **沸点上昇** という. 沸点上昇の度合いは，② の種類によって決まり，③ の種類には関係しないことが知られている. ただし，溶液の ④ に比例する. 溶媒 ⑤ kg に ⑥ mol の溶質が溶けているときの沸点上昇を **モル沸点上昇定数** K_b という.

　c）ショウノウ 100 g にある物質 10 g を溶かした溶液の沸点を測定したところ，沸点は純粋なショウノウに比べて 6.09 K 上昇した. この物質の分子量を求めよ. ただし，ショウノウのモル沸点上昇定数は 6.09 K mol^{-1} kg である.

解答

　a）液体が気体に変化すればするほど蒸気圧は高くなる. 液体から気体への変化はエントロピーの増加を伴う. 溶液は純粋な液体と比べると混合物であるため乱雑さが大きく，エントロピーも大きい. よって，溶液から気体への変化では，純粋な液体から気体への変化に比べるとエントロピーの増加はそれほど大きくない. そのため溶液から気体への変化は相対的に進みにくくなり，蒸気圧は純液体と比べると低下する.

　b）① 蒸気圧，② 溶媒，③ 溶質，④ 質量モル濃度，⑤ 1，⑥ 1

　解説　不揮発性溶質を溶かした溶液の蒸気圧は，純溶媒の蒸気圧より低くなる. このため，溶液の沸点は純溶媒より高くなる. その高くなる程度は，溶媒に固有であり，溶質の種類に関係しない. 関係するのは，溶質の質量モル濃度だけである.

　c）溶質の分子量を M とすると，溶媒であるショウノウ 100 g に溶質 10 g が溶けているので，その濃度は $(10/M) \times (1000/100) = 100/M$ (mol kg^{-1}) である. ショウノウのモル沸点上昇定数が 6.09 K mol^{-1} kg であり，この溶液の沸点上昇が 6.09 K であるから，

すなわち，砂糖が 1 mol 溶けた溶液も，ブドウ糖が 1 mol 溶けた溶液も，同じ沸点を示す. この性質を **束一的性質** という.

$$6.09\,\text{K} = \frac{100}{M}\,\text{mol kg}^{-1} \times 6.09\,\text{K mol}^{-1}\,\text{kg}$$

より，$M = 100$ である．

例題 6・3　浸透圧

a) つぎの現象のうち，浸透圧が関係しているものはどれか．
① 漬物をつくる．
② こぼれた水をふきんで拭く．
③ ストローでジュースを飲む．
④ 干ししいたけを水に戻す．
⑤ $Mg(OH)_2$ が下剤として作用する．

b) つぎの文の空欄に適当な語句，数値，式を入れよ．

浸透圧は溶質の種類には無関係であり，溶質の物質量（分子やイオンの個数）のみに依存するので，　①　性質の一つである．物質量が n_B の溶質が溶けている溶液の示す浸透圧 Π は，溶液の体積が V で温度が T であれば，

$$\Pi V = n_B R T$$

で表される．溶液のモル濃度が c_B であれば，この式は，

$$\Pi = \boxed{②}$$

と書き換えることができる．たとえば，濃度が $1.00 \times 10^{-4}\,\text{mol dm}^{-3}$ のタンパク質の水溶液が 300 K において示す浸透圧は　③　Pa である．

> この式を発見者の名前にちなんで**ファント・ホッフの式**という．

解答

a) 正解は ①，④，⑤

① 漬物は植物に塩をふるか，あるいは植物を濃度の高い食塩水に入れたものである．植物の細胞膜は典型的な半透膜であり，小さい分子は通すが，大きな分子は通さない．このため，植物の細胞内の溶液と食塩水の濃度を近づけるためには細胞内の水分子が食塩水のほうに出ていかなければならない．④ 干ししいたけの場合には，植物の細胞内の水が抜けたため，細胞内の溶液の濃度が高くなっている．このため，細胞内に水が入ってい

> ② こぼれた水をふきんで拭くのは毛管現象の応用である．毛管現象の本質は分子間力である．すなわち，ふきんのセルロース分子に付いているヒドロキシ基と水分子の間の水素結合によって水分子がふきんに結合する．
> ③ ストローでジュースを飲むときは気圧の差を利用している．口の中の気圧が低くなるため，大気圧で押されたジュースがストローを上る．

く．⑤動物の細胞も同様で，$Mg(OH)_2$ を摂取すると，大腸では Mg^{2+} が吸収されないため大腸内部の Mg^{2+} の濃度が上がり，浸透によって細胞から大腸内部に水が供給される．つまり，$Mg(OH)_2$ は下剤として働く．

b）① 束一的，② $c_B RT$，③ 249

$c_B = n_B/V$ であるから，$\Pi V = n_B RT$ より $\Pi = c_B RT$ が得られる．これに $c_B = 1.00 \times 10^{-4}$ mol dm^{-3}，$T = 300$ K，$R = 8.314$ J K^{-1} mol^{-1} を代入すると，$\Pi = 249$ Pa である．

1 dm = 10^{-1} m

例題 6・4　イオン結晶の溶液

a）つぎの文の空欄に等号または不等号を入れよ．

塩化カルシウムは水によく溶ける．また，水に溶けると発熱する．溶解の過程はつぎの二段階からなる．

(1) 塩化カルシウム結晶が壊れて自由イオンに変わる．
$$CaCl_2 \longrightarrow Ca^{2+} + 2Cl^-$$

(2) 自由イオンが水和を受ける．
$$Ca^{2+} + 2Cl^- \longrightarrow Ca^{2+}(aq) + 2Cl^-(aq)$$

aq はイオンが水和している状態を表す．

これら (1) と (2) の過程のエンタルピー変化をそれぞれ ΔH_1，ΔH_2 とすれば，ΔH_1 ① 0，ΔH_2 ② 0 であり，また，$\Delta H_1 + \Delta H_2$ ③ 0 となる．

さらに，(1) と (2) の全体を通してのエントロピー変化を ΔS，自由エネルギー変化を ΔG とすると，ΔS ④ 0，また，ΔG ⑤ 0 である．

b）冬場に道路の凍結を防ぐために塩化カルシウムをまくのは，$CaCl_2$ が水に溶けて熱を発生すると同時に，凝固点を下げるためである．1.00 kg の水に $CaCl_2$ を 100 g 溶かした場合，凝固点は何度まで下がるか．ただし，水のモル凝固点降下定数は 1.86 K mol^{-1} kg であり，水溶液中で $CaCl_2$ は完全に解離しているものとする．

解答

a）① >，② <，③ <，④ >，⑤ <

解説　塩化カルシウムのようなイオン結晶は陽イオンと陰イオンが強

いクーロン力によって結び付いている．よって，結晶をばらばらにして個々のイオンにするためには外部からエネルギーを加える必要がある．したがって，(1) の過程は吸熱反応になる．また，水溶液中で自由イオンは水和によって安定化するので，(2) の過程は発熱反応である．(1) と (2) を合わせた $CaCl_2$ 結晶が水に溶ける過程は発熱反応であるから，両過程のエンタルピーの和 $\Delta H_1 + \Delta H_2$ は負になる．

結晶が水に溶ける過程では，イオンの規則的な配列からなる結晶が壊れてイオンが水中に無秩序に分布するようになるから，エントロピーは増加する．すなわち，(1) および (2) 全体の過程でエンタルピーが減少し，エントロピーは増加するから，自由エネルギーは減少する．つまり，この過程は自発的に進行する．

b) $CaCl_2$ の式量は 110.98 であるから，水 1.00 kg に 100 g が溶けていれば，その質量モル濃度 m_B は $m_B = 100 \div 110.98 = 0.901$ mol kg^{-1} であり，1 mol の $CaCl_2$ から 3 mol のイオンが生じるから，モル凝固点降下定数として $K_f = 1.86$ K mol^{-1} kg を用いると，凝固点降下 ΔT_f は，

$$\Delta T_f = 3K_f m_B = 3 \times 1.86 \text{ K mol}^{-1} \text{kg} \times 0.901 \text{ mol kg}^{-1} = 5.03 \text{ K}$$

となる．凝固点は -5.03 °C まで下がる．

例題 6・5　酸塩基反応と平衡

a) 酢酸の酸解離定数は次式で与えられる．

$$K_a = \frac{[CH_3COO^-][H^+]}{[CH_3COOH]}$$

濃度が c の酢酸水溶液の pH が，次式で表されることを示せ．

$$\text{pH} = \frac{1}{2}\text{p}K_a + \frac{1}{2}\text{p}c$$

b) 0.01 mol dm^{-3} の酢酸水溶液の pH を求めよ．ただし，酢酸の酸解離定数 K_a に対して，p$K_a = 4.74$ である．

c) 同じ濃度の酢酸とアンモニウムイオンではどちらが強い酸か．表の値に基づいて説明せよ．

酸	pK_a
CH_3COOH	4.74
NH_4^+	9.26

解　答

a) 酢酸の解離度（電離度）を α とすると，平衡状態での濃度は，$[CH_3COOH] = c(1-\alpha)$, $[CH_3COO^-] = [H^+] = c\alpha$ であるから，

$$K_a = \frac{[CH_3COO^-][H^+]}{[CH_3COOH]} = \frac{c^2\alpha^2}{c(1-\alpha)}$$

となるが，酢酸は弱酸であるから $\alpha \ll 1$ であって，$1-\alpha \approx 1$ と近似できるので，

$$\alpha = \sqrt{\frac{K_a}{c}}$$

である．したがって，

$$pH = -\log[H^+] = -\log(c\alpha) = -\log\sqrt{cK_a} = \frac{1}{2}pK_a + \frac{1}{2}pc$$

が導かれる．

ただし，酢酸水溶液がきわめて希薄になると，α は 1 に近づく．

b) $pK_a = 4.74$ および $c = 0.01$ mol dm^{-3} を a) の式に代入すると，

$$pH = \frac{1}{2}pK_a + \frac{1}{2}pc = 2.37 - \frac{1}{2}\log 0.01 = 3.37$$

となる．

0.01 mol dm^{-3} の酢酸では $\alpha = 0.05$ 程度である．

c) 同じ濃度では，pK_a が大きいほど pH が大きく，塩基性になる．よって，アンモニウムイオンより酢酸のほうが強い酸である．

****

例題 6·6　酸化還元反応

a) つぎの文の空欄に適当な数値または化学式を入れよ．

ダニエル電池は図のように $ZnSO_4$ 水溶液に Zn 電極を入れ，$CuSO_4$ 水溶液には Cu 電極を浸して，溶液間を塩橋でつないだ構造をしている．Zn/Zn^{2+} 系および Cu/Cu^{2+} 系の酸性溶液中での電極反応と 25°C での標準電極電位はつぎのようになる．

$$Zn^{2+} + 2e^- \rightleftarrows Zn \quad E°(Zn/Zn^{2+}) = -0.7628 \text{ V}$$

$$Cu^{2+} + 2e^- \rightleftarrows Cu \quad E°(Cu/Cu^{2+}) = 0.337 \text{ V}$$

よって，この電池の反応では ① が酸化され，② が還元される．また，電池の標準起電力は $E° = $ ③ V であるから，この反応の標準

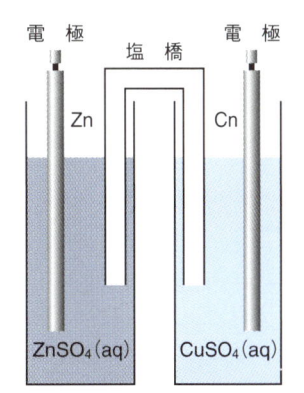

自由エネルギー変化は，ファラデー定数を $F = 9.65 \times 10^4 \, \text{C mol}^{-1}$ とすれば，$\Delta G° = $ ④ kJ mol^{-1} である．よって，この反応の平衡定数は $K_c = $ ⑤ である．

b) ダニエル電池の放電過程に対してネルンストの式を書け．また，ネルンストの式を用い，ダニエル電池において ZnSO_4 水溶液の濃度が $0.010 \, \text{mol dm}^{-3}$，$\text{CuSO}_4$ 水溶液の濃度が $0.050 \, \text{mol dm}^{-3}$ であるときの $25°\text{C}$ における起電力を計算せよ．

解答

a) ① Zn, ② Cu^{2+}, ③ 1.100, ④ -212.3, ⑤ 1.66×10^{37}

解説 標準電極電位は水素イオンの反応

$$2\text{H}^+ + 2\text{e}^- \rightleftharpoons \text{H}_2(\text{g})$$

を基準にとり，H^+ が $1 \, \text{mol dm}^{-3}$，$\text{H}_2(\text{g})$ が $25°\text{C}$ で $1 \, \text{atm}$ の状態を $0 \, \text{V}$ と設定している．標準電極電位が正で大きいほど，イオンなどが電子を受取って還元される反応が進みやすい．よって，Cu^{2+} の還元反応は Zn^{2+} の還元反応より進みやすいため，両者の組合わせでは Cu^{2+} が Cu に還元され，Zn が Zn^{2+} に酸化される．よって，

$$\text{Cu}^{2+} + \text{Zn} \longrightarrow \text{Cu} + \text{Zn}^{2+}$$

の反応が進み，その標準起電力は，

$E° = E°(\text{Cu}/\text{Cu}^{2+}) - E°(\text{Zn}/\text{Zn}^{2+}) = 0.337 \, \text{V} - (-0.7628 \, \text{V}) = 1.100 \, \text{V}$

となる．また，標準起電力 $E°$ のもとで $n \, \text{mol}$ の電子が移動したとき，電子 $1 \, \text{mol}$ の電荷がファラデー定数 F であるから，電池は外部に対して $nFE°$ の仕事をしたことになる．4章の練習問題 4・6 で学んだように，気体の膨張を除いた最大の仕事はギブズの自由エネルギー変化に等しいから，電池の自由エネルギーは仕事の分だけ減少し，

$$\Delta G° = -nFE°$$

で与えられる．いまの場合，$\text{Cu}^{2+} + \text{Zn} \to \text{Cu} + \text{Zn}^{2+}$ の反応で 1 個の Cu^{2+} 当たり 2 個の電子が移動しているから，

$\Delta G° = -2 \times 9.65 \times 10^4 \, \text{C mol}^{-1} \times 1.100 \, \text{V} = -212.3 \, \text{kJ mol}^{-1}$

である．さらに，標準状態での自由エネルギー変化は平衡定数と，

$$\Delta G° = -RT \ln K_c$$

アボガドロ定数を N_A，電気素量を e として，$F = N_A e = 6.022 \times 10^{23} \, \text{mol}^{-1} \times 1.602 \times 10^{-19} \, \text{C} = 9.65 \times 10^4 \, \text{C mol}^{-1}$

$1 \, \text{J} = 1 \, \text{C V}$ に注意しよう．

の関係にあるから（4章，例題4・12参照），

$$K_c = \mathrm{e}^{-\frac{\Delta G^\circ}{RT}} = 1.64 \times 10^{37}$$

である．

b) ネルンストの式は，

$$E = 1.100 - \frac{RT}{2F} \ln \frac{[\mathrm{Zn}^{2+}]}{[\mathrm{Cu}^{2+}]}$$

である．$[\mathrm{Zn}^{2+}] = 0.010 \text{ mol dm}^{-3}$，$[\mathrm{Cu}^{2+}] = 0.050 \text{ mol dm}^{-3}$ を代入すると，$E = 1.121$ V が得られる．

一般に，
$$a\mathrm{A} + b\mathrm{B} \longrightarrow c\mathrm{C} + d\mathrm{D}$$
が電池の反応であって，その標準起電力が E° であり，この反応で n 個の電子が流れる場合，ネルンストの式は，

$$E = E^\circ - \frac{RT}{nF} \ln \frac{[\mathrm{C}]^c [\mathrm{D}]^d}{[\mathrm{A}]^a [\mathrm{B}]^b}$$

となる．

練 習 問 題

6・1

ラウールの法則は純粋な液体と混合液体の間の蒸気圧の関係を記述したものである．しかし，ラウールの法則は理想溶液について成り立つ法則であり，実際の溶液ではずれが生じてくる．つぎの液体の組合わせの蒸気圧と溶液組成の関係を表すグラフを模式的に示せ．

a) アセトンとクロロホルム（両者の分子間には引力が働く）

b) アセトンと二硫化炭素（両者の分子間には斥力が働く）

6・2

一つの物質の固相，液相，気相の自由エネルギーと温度との関係は，4章の例題4・12b) の図として示したとおりである．同様の図をつぎに示す．ここでは縦軸は化学ポテンシャル（1 mol 当たりの自由エネルギー）である．

ある純粋な物質 A の液相の蒸気圧が P_A^* であれば，例題4・12a) からわかるとおり，蒸気の化学ポテンシャルは $\mu_\mathrm{A}^\circ + RT \ln P_\mathrm{A}^*$ である．一方，この液相の化学ポテンシャルを μ_A^* と書けば，液相と蒸気は平衡状態にあるから両者の化学ポテンシャルは等しく，

$$\mu_\mathrm{A}^* = \mu_\mathrm{A}^\circ + RT \ln P_\mathrm{A}^* \tag{1}$$

が成り立つ．また，この液体 A に不揮発性の溶質が溶けている場合，溶液中の A の化学ポテンシャルを μ_A，溶液の状態で A が示す蒸気圧を P_A とすれば，

$$\mu_A = \mu_A^\circ + RT \ln P_A \tag{2}$$

が成り立つ．これらの関係とラウールの法則を用いて μ_A^* と μ_A の関係を式で表し，溶液中の液相の化学ポテンシャルを模式的に図に示せ．

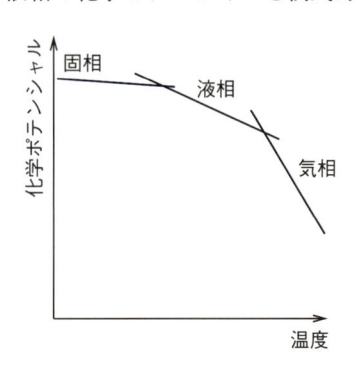

6・3

アンモニアの塩基解離定数を K_b，アンモニウムイオンの酸解離定数を K_a，水のイオン積を K_w とする．K_b, K_a, K_w の間に成り立つ式を導け．

6・4

NaH$_2$PO$_4$ と Na$_2$HPO$_4$ が溶解した水溶液を例にとり，緩衝作用について考えよう．

a) この水溶液における NaH$_2$PO$_4$ の濃度を c_1，Na$_2$HPO$_4$ の濃度を c_2，H$_2$PO$_4^-$ の酸解離定数を K_a で表したとき，混合溶液の pH は，

$$\mathrm{pH} = \mathrm{p}K_a + \log \frac{c_2}{c_1} \tag{1}$$

この式をヘンダーソン-ハッセルバルヒの式という．

となることを示せ．

b) 水溶液として溶かした NaH$_2$PO$_4$ の濃度が 1 mol dm^{-3}，Na$_2$HPO$_4$ の濃度が 1 mol dm^{-3} であるとき，この溶液の pH を求めよ．ただし，$K_a = 6.3 \times 10^{-8}$ である．

c) b) の溶液 100 cm^3 に 1 mol dm^{-3} の HCl 水溶液 5 cm^3 を加えたとき

の pH を求めよ．

6・5

AgCl と Ag^+ の 25℃ における標準電極電位はつぎのとおりである．

$$AgCl(s) + e^- \rightleftharpoons Ag(s) + Cl^- \qquad E° = 0.222 \text{ V}$$
$$Ag^+ + e^- \rightleftharpoons Ag \qquad E° = 0.799 \text{ V}$$

a）AgCl が水に溶解する過程の標準自由エネルギー変化を求めよ．
b）AgCl の溶解度定数（溶解度積）を計算せよ．

練習問題の解答

1章

1・1

a) ① $\dfrac{e^2}{4\pi\varepsilon_0 r^2}$, ② $m\dfrac{v^2}{r}$, ③ $\dfrac{e^2}{4\pi\varepsilon_0 r^2} = m\dfrac{v^2}{r}$,

④ mrv, ⑤ $\dfrac{\varepsilon_0 h^2}{\pi m e^2} n^2$, ⑥ $\dfrac{e^2}{4\pi\varepsilon_0 r}$, ⑦ $-\dfrac{e^2}{8\pi\varepsilon_0 r}$,

⑧ $-\dfrac{me^4}{8\varepsilon_0^2 h^2}\dfrac{1}{n^2}$, ⑨ 1, ⑩ $\dfrac{\varepsilon_0 h^2}{\pi m e^2}$,

⑪ $-\dfrac{me^4}{8\varepsilon_0^2 h^2}\dfrac{1}{n_1^2}$, ⑫ $-\dfrac{me^4}{8\varepsilon_0^2 h^2}\dfrac{1}{n_2^2}$,

⑬ $\dfrac{me^4}{8\varepsilon_0^2 h^2}\left(\dfrac{1}{n_1^2} - \dfrac{1}{n_2^2}\right)$, ⑭ $\dfrac{me^4}{8\varepsilon_0^2 h^3 c}\left(\dfrac{1}{n_1^2} - \dfrac{1}{n_2^2}\right)$,

⑮ $\dfrac{me^4}{8\varepsilon_0^2 h^3 c}$

b) 式(2)より,

$$2\pi r = n\dfrac{h}{mv}$$

である.一方,ド・ブローイの関係より,電子の波長 λ と運動量 mv との関係は,$\lambda = h/(mv)$ となるから,$2\pi r = n\lambda$ が得られる.すなわち,電子が描く円軌道の円周 $2\pi r$ は波長の整数倍である.これは円周に沿って定在波(下図参照)ができる条件である.

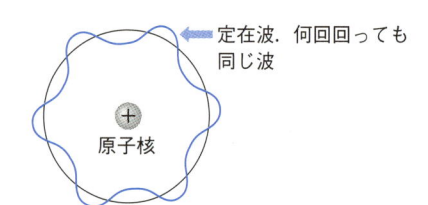

← 定在波.何回回っても同じ波

原子核

c) $m = 9.10939 \times 10^{-31}\,\text{kg}$, $e = 1.602177 \times 10^{-19}\,\text{C}$, $\varepsilon_0 = 8.85419 \times 10^{-12}\,\text{J}^{-1}\text{C}^2\text{m}^{-1}$, $h = 6.62608 \times 10^{-34}\,\text{J s}$, $c = 2.99792458 \times 10^8\,\text{m s}^{-1}$ を式(12)に代入すると,リュードベリ定数 R は,

$$R = \dfrac{me^4}{8\varepsilon_0^2 h^3 c} = 1.09737 \times 10^7\,\text{m}^{-1}$$

と求められる.実験値 $1.09677 \times 10^7\,\text{m}^{-1}$ との一致はよい.

解説 より厳密には,電子の質量のみならず原子核の質量も考慮する必要がある.ボーア模型では原子核は静止していると考えたが,実際には運動しており,特に水素のような軽い原子ではその影響は小さくない.電子とともに原子核が動いている場合は,原子核に対する電子の相対的な運動をボーア模型における円運動と考えればよい.このとき,電子の質量 m の代わりに,原子核の質量 M も考慮した換算質量 μ を使うことができる.ここで,

$$\dfrac{1}{\mu} = \dfrac{1}{m} + \dfrac{1}{M}$$

である.原子核として陽子の質量を考えると $\mu = 1.67262 \times 10^{-27}\,\text{kg}$ であるから,リュードベリ定数は,

$$R_\text{H} = \dfrac{\mu e^4}{8\varepsilon_0^2 h^3 c} = 1.09677 \times 10^7\,\text{m}^{-1}$$

となり,実験値との一致はさらによくなる.ここでは水素原子のリュードベリ定数という意味で R_H と書いた.上で求めた $R = 1.09737 \times 10^7\,\text{m}^{-1}$ は原子核の質量が無限大であると仮定して導かれた値であるから,通常はこれを R_∞ と表現する.一般に,単にリュードベリ定数という場合は R_∞ を指す.

d）水素原子のイオン化エネルギーは，基底状態（$n=1$）にある電子を無限遠，すなわち，$n=\infty$ まで励起するのに必要なエネルギーである．式(6)より，$n=\infty$ のとき $E=0$ であるから，イオン化エネルギー E_I は，

$$E_\mathrm{I} = 0 - \left(-\frac{me^4}{8\varepsilon_0^2 h^2}\right) = \frac{me^4}{8\varepsilon_0^2 h^2} = hcR$$

で表される．ちなみに，各物理量の値を代入して計算すると，$E_\mathrm{I} = 2.180 \times 10^{-18}\,\mathrm{J} = 13.60\,\mathrm{eV}$ と求められる．

1・2

a）ア：ポテンシャルエネルギー，イ：運動エネルギー，ウ：運動エネルギー

① $-i\dfrac{h}{2\pi}\dfrac{\partial}{\partial y}\Psi$, ② $-i\dfrac{h}{2\pi}\dfrac{\partial}{\partial z}\Psi$

b）式(7)，すなわち，

$$-\left(\frac{h}{2\pi}\right)^2 \frac{\partial^2}{\partial x^2}\Psi = p_x^2 \Psi$$

と同様の式が運動量の y 成分と z 成分についても成り立つ．つまり，

$$-\left(\frac{h}{2\pi}\right)^2 \frac{\partial^2}{\partial y^2}\Psi = p_y^2 \Psi$$

$$-\left(\frac{h}{2\pi}\right)^2 \frac{\partial^2}{\partial z^2}\Psi = p_z^2 \Psi$$

であり，これら三つの式の左辺同士および右辺同士を足すと，

$$-\left(\frac{h}{2\pi}\right)^2 \left(\frac{\partial^2}{\partial x^2} + \frac{\partial^2}{\partial y^2} + \frac{\partial^2}{\partial z^2}\right)\Psi = (p_x^2 + p_y^2 + p_z^2)\Psi$$

が得られる．両辺を $2m$ で割り，

$$p^2 = p_x^2 + p_y^2 + p_z^2$$

を用いれば，

$$-\frac{h^2}{8\pi^2 m}\left(\frac{\partial^2}{\partial x^2} + \frac{\partial^2}{\partial y^2} + \frac{\partial^2}{\partial z^2}\right)\Psi = \frac{p^2}{2m}\Psi$$

となって式(8)が導かれる．

解説 式(4)が得られる過程を以下で説明しよう．量子力学の考え方の大きな特徴の一つは波動と粒子の二重性である．まず，波を考えよう．三次元空間における波の式は，

$$\Psi(\boldsymbol{r}, t) = A \exp[i(\boldsymbol{k}\cdot\boldsymbol{r} - \omega t)] \quad (\mathrm{A1})$$

のように複素数で表すことができる．ここで，$\boldsymbol{r}$ は位置，t は時間，$\boldsymbol{k}$ は波数，ω は角振動数，A は定数であり，$\boldsymbol{r}$ と $\boldsymbol{k}$ はベクトルであることに注意しよう．すなわち，$\boldsymbol{r}$ と $\boldsymbol{k}$ を成分を用いて表現すると，

$$\boldsymbol{r} = (x, y, z) \quad (\mathrm{A2})$$
$$\boldsymbol{k} = (k_x, k_y, k_z) \quad (\mathrm{A3})$$

となる．式(A1)中の $\boldsymbol{k}\cdot\boldsymbol{r}$ は両者の内積で，それぞれの成分を用いて表すと，

$$\boldsymbol{k}\cdot\boldsymbol{r} = k_x x + k_y y + k_z z \quad (\mathrm{A4})$$

である．ここで，式(A4)を x で偏微分してみよう．この計算では変数は x のみで他はすべて定数と見なして通常の微分を実行すればよい．そうすると，

$$\frac{\partial}{\partial x}(\boldsymbol{k}\cdot\boldsymbol{r}) = k_x \quad (\mathrm{A5})$$

が得られる．そこで，式(A1)を x で偏微分した結果は，

$$\frac{\partial}{\partial x}\Psi(\boldsymbol{r}, t) = ik_x A \exp[i(\boldsymbol{k}\cdot\boldsymbol{r} - \omega t)] = ik_x \Psi(\boldsymbol{r}, t)$$
$$\quad (\mathrm{A6})$$

となる．

一方，粒子としてとらえた場合の運動量を $\boldsymbol{p}$ とする．これもベクトルであって，成分を用いて，

$$\boldsymbol{p} = (p_x, p_y, p_z) \quad (\mathrm{A7})$$

と表すことができ，ド・ブロイの関係を使えば，$\boldsymbol{k}$ と $\boldsymbol{p}$ の x 成分の関係は，

$$k_x = \frac{2\pi}{h}p_x \quad (\mathrm{A8})$$

と書くことができる．これを式(A6)に代入すると，

$$\frac{\partial}{\partial x}\Psi(\mathbf{r},t) = i\frac{2\pi}{h}p_x\Psi(\mathbf{r},t) \qquad (A9)$$

が得られる．そこで，関数 $\Psi(\mathbf{r},t)$ を x で偏微分して $-i(h/2\pi)$ を掛ける操作により運動量の x 成分 p_x が得られる．つまり，$-i(h/2\pi)(\partial/\partial x)$ は物理量 p_x に対応した演算子である．

式 (A1) を x で 2 回偏微分すると，

$$\frac{\partial^2}{\partial x^2}\Psi(\mathbf{r},t) = -k_x^2\Psi(\mathbf{r},t) = -\frac{4\pi^2}{h^2}p_x^2\Psi(\mathbf{r},t)$$

が得られる．これは式 (7) である．

1・3

a) ① $\dfrac{1}{X}\dfrac{d^2X}{dx^2}$, ② $\dfrac{1}{Y}\dfrac{d^2Y}{dy^2}$, ③ $\dfrac{1}{Z}\dfrac{d^2Z}{dz^2}$,

④ $\dfrac{1}{X}\dfrac{d^2X}{dx^2}$, ⑤ E,

⑥ $\sqrt{\dfrac{8}{L^3}}\sin\dfrac{n_1\pi x}{L}\sin\dfrac{n_2\pi x}{L}\sin\dfrac{n_3\pi x}{L}$,

⑦ $\dfrac{h^2}{8mL^2}(n_1^2+n_2^2+n_3^2)$

b) 式 (3) を式 (2) に代入して偏微分を実行しよう．たとえば，x による偏微分では，

$$\frac{\partial^2}{\partial x^2}\Psi = \frac{\partial^2}{\partial x^2}(XYZ) = YZ\frac{\partial^2 X}{\partial x^2} = YZ\frac{d^2 X}{dx^2}$$

であるから，すべての偏微分の結果は，

$$-\frac{h^2}{8\pi^2 m}\left(YZ\frac{d^2X}{dx^2}+ZX\frac{d^2Y}{dy^2}+XY\frac{d^2Z}{dz^2}\right)$$
$$= EXYZ$$

となる．両辺を $\Psi(x,y,z)=X(x)Y(y)Z(z)$ で割り，両辺に $-8\pi^2 m/h^2$ を掛ければ，

$$\frac{1}{X}\frac{d^2X}{dx^2}+\frac{1}{Y}\frac{d^2Y}{dy^2}+\frac{1}{Z}\frac{d^2Z}{dz^2} = -\frac{8\pi^2 m}{h^2}E$$

すなわち，式 (4) が得られる．

解説 式 (5)，(6)，(7) の左辺同士および右辺同士をそれぞれ加えると，

$$\frac{1}{X}\frac{d^2X}{dx^2}+\frac{1}{Y}\frac{d^2Y}{dy^2}+\frac{1}{Z}\frac{d^2Z}{dz^2}$$
$$= -\frac{8\pi^2 m}{h^2}(E_X+E_Y+E_Z)$$

この式と式 (4) とを比較すれば，

$$E_X+E_Y+E_Z = E$$

すなわち，式 (8) となる．

式 (5)，

$$\frac{1}{X}\frac{d^2X}{dx^2} = -\frac{8\pi^2 m}{h^2}E_X$$

は例題 1・7 の式 (2) と同じ形をしている．よって，例題 1・7 の式 (5) と式 (6) をそのまま $X(x)$ と E_X の表現に用いることができ，

$$X(x) = \sqrt{\frac{2}{L}}\sin\frac{n_1\pi x}{L}, \quad E_X = \frac{n_1^2 h^2}{8mL^2}$$

となる．同様に，問題文中の式 (6) から $Y(y)$ と E_Y，式 (7) から $Z(z)$ と E_Z が得られるので，

$$\Psi(x,y,z) = X(x)Y(y)Z(z)$$
$$= \left(\sqrt{\frac{2}{L}}\sin\frac{n_1\pi x}{L}\right)\left(\sqrt{\frac{2}{L}}\sin\frac{n_2\pi x}{L}\right)\left(\sqrt{\frac{2}{L}}\sin\frac{n_3\pi x}{L}\right)$$
$$= \sqrt{\frac{8}{L^3}}\sin\frac{n_1\pi x}{L}\sin\frac{n_2\pi x}{L}\sin\frac{n_3\pi x}{L}$$

ならびに，

$$E = E_X+E_Y+E_Z$$
$$= \frac{n_1^2 h^2}{8mL^2}+\frac{n_2^2 h^2}{8mL^2}+\frac{n_3^2 h^2}{8mL^2} = \frac{h^2}{8mL^2}(n_1^2+n_2^2+n_3^2)$$

が導かれる．

1・4

a) ① 主量子数，② エネルギー，③ 方位量子数 (軌道角運動量量子数)，④ 0，⑤ $n-1$，⑥ 磁気量子数，⑦ $-l$，⑧ l，⑨ s，⑩ p，⑪ d，⑫ f，⑬ 軌道，⑭ スピン，⑮ 1/2，⑯ ±1/2，⑰ スピン磁気量子数

A：一組の n, l, m_l, m_s で決まる状態を 2 個以上の電子が占有することはできない．

b）誤っているものは ③．

解説 原子軌道のエネルギーは主量子数が大きいものほど高い．これはボーアの原子模型からも導かれる結論の一つである（練習問題 1・1 参照）．水素原子では主量子数のみで原子軌道のエネルギーが決まる．よって，水素原子の 2s 軌道と 2p 軌道のエネルギーは等しい．このように異なる状態が同じエネルギーをもつことを，これらの状態は縮退（あるいは縮重）しているという．一方で，多電子原子になると方位量子数が異なればエネルギーが異なる．よって，多電子原子では 2s 軌道と 2p 軌道のエネルギーは異なり，前者のほうが後者より低い．原子軌道をエネルギーの低いものから並べると，ほぼ，

$$1s < 2s < 2p < 3s < 3p < 3d < 4s$$

の順番となるが，これはすべての元素で成り立つわけではない．たとえば，図に示したように，Sc より原子番号の大きい元素では 3d 軌道のほうが 4s 軌道よりエネルギーが低いが，K と Ca では逆に 4s 軌道のほうが 3d 軌道よりエネルギーが低い．よって，③ は誤りである．

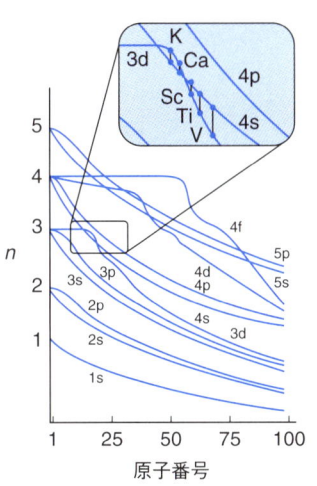

3d 軌道は $l = 2$ であるから，$m_l = -2, -1, 0, 1, 2$ と五つの軌道があり，それぞれに $m_s = \pm 1/2$ の 2 個ずつの電子が入りうるので，最大で 10 個の電子が収容される．方位量子数に対応する原子軌道の名称は，$l = 0, 1, 2, 3$ に対しては s 軌道，p 軌道，d 軌道，f 軌道という特別な呼び方があるが，$l = 4, 5, 6$ に対しては g 軌道，h 軌道，i 軌道とアルファベットの順番に名前が付けられる．

1・5

a）球殻の体積は $4\pi r^2 dr$ であるから，電子が存在する確率は，

$$|\Psi|^2 d\tau = \left[\left(\frac{1}{\pi a_0^3}\right)^{\frac{1}{2}} e^{-\frac{r}{a_0}}\right]^2 \times 4\pi r^2 dr = \frac{4}{a_0^3} r^2 e^{-\frac{2r}{a_0}} dr$$

となり，式 (2) が導かれる．

b）$P(r)$ が極大となる r を求めればよいので，

$$\frac{dP(r)}{dr} = 0$$

を満たす r を計算すればよい．式 (3) を r で微分して，結果がゼロに等しいとおくと，

$$\frac{dP(r)}{dr} = \frac{d\left(\frac{4}{a_0^3} r^2 e^{-\frac{2r}{a_0}}\right)}{dr}$$

$$= \frac{4}{a_0^3}\left(2r - \frac{2}{a_0} r^2\right) e^{-\frac{2r}{a_0}} = 0$$

であるから，$r = a_0$ が得られる．すなわち，ボーア半径（練習問題 1・1 参照）において電子の存在割合が最大となる．

c）図より，原子核（グラフの原点）付近に存在する電子の割合（すなわち，$P(r)$）は 3p 軌道より 3s 軌道のほうが大きい．よって，原子核の正電荷から受けるクーロン引力は 3s 電子のほうが強く，電子は安定化している．つまり，電子のエネルギーは 3p 軌道より 3s 軌道のほうが低い．

1・6

a) ① [Ne]3s^1, ② 1, ③ 1/2, ④ 3/2, ⑤ 1/2, ⑥ 589.76, ⑦ 589.17, {紫外域・|可視域|・赤外域・マイクロ波領域}

解説 ナトリウム原子の励起状態では 3p 軌道を 1 個の電子が占めているから，方位量子数は $l=1$ でスピン量子数は $s=1/2$ である．問題文にある二つの角運動量の合成に関する理論を適用すると，$l=1$ と $s=1/2$ から，

$$l+s = 1+\frac{1}{2} = \frac{3}{2}, \quad l-s = 1-\frac{1}{2} = \frac{1}{2}$$

の二つの角運動量量子数が得られる．これら二つの状態のエネルギーが異なる理由はつぎのように理解できる．下図にあるように，原子核のまわりの電子の軌道運動は円電流が流れている状態であり磁場を誘起する．たとえば銅線をコイル状にして電流を流すと電磁石になることを思い起こそう．電子の円運動によって誘起される磁気双極子モーメントを考えると，これは軌道角運動量 l に比例する．一方，スピン角運動量 s に起因して電子そのものも微細な磁石として振舞う．l も s もベクトルであるから，図に示すようにこれらの相対的な向きとして二通りが考えられる（黒の矢印）．なお，磁気双極子モーメントとは，電気双極子モーメント（2 章，例題 2・2）の点電荷を点磁荷（磁極）で置き換えたものである．

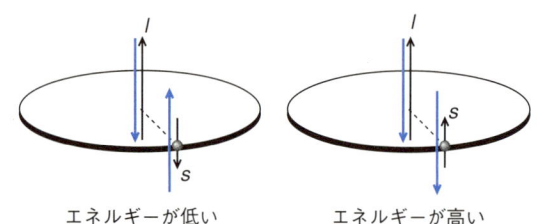

エネルギーが低い　エネルギーが高い
(青色は磁気双極子モーメント)

よって，l と s それぞれがつくる磁気双極子モーメ

ント（これらもベクトルである）の相対的な向きも二通りある（青色の矢印）．ただし，l の向きと l による磁気双極子モーメントの向きは逆である．また，s の向きと s による磁気双極子モーメントの向きも逆で，これらは電子が負電荷をもつことによる．l と s は，互いに逆向きであるほうが同じ向きの場合よりもエネルギーが低い．たとえば，二つの棒磁石を平行に並べる場合，互いの N 極と S 極の向きが異なるほうが，これらが同じ向きの場合よりも安定になることを考えればよい（図参照）．こうして，二つの状態 $l+s=3/2$ と $l-s=1/2$ ではエネルギーが異なり（後者のほうが低い），エネルギー準位は二つに分裂する．

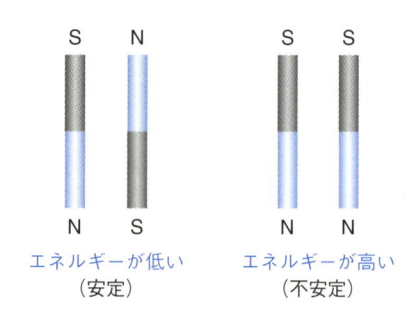

エネルギーが低い　エネルギーが高い
(安定)　　　　　(不安定)

D 線の波長は波数の逆数として計算できる．すなわち，D$_1$ では，

$$\frac{1}{16956\,\text{cm}^{-1}} = 589.76\,\text{nm}$$

D$_2$ では，

$$\frac{1}{16973\,\text{cm}^{-1}} = 589.17\,\text{nm}$$

である．これらは可視域の波長に相当する．実際に D 線は黄色を呈しており，ナトリウム原子のこの性質はナトリウムランプとしてトンネル内の照明などに利用されている．

2 章

2・1

a）下図のようになる．O_2 では O 原子の電子配置が $1s^2 2s^2 2p^4$ であるから，全部で 12 個の電子を図中の分子軌道に入れることになる．各分子軌道には 2 個ずつ電子が入り，互いのスピンの向きが異なる．$2\pi^*$ はエネルギーの等しい二つの分子軌道に 1 個ずつ電子が入り，これらのスピンは同じ向きになる．同様に F_2 では 14 個の電子が分子軌道を占める．

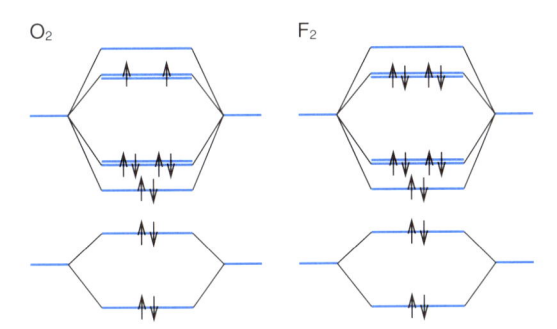

b）下図のようになる．1π は結合性軌道で π 結合に基づく．$4\sigma^*$ は 2p 軌道間の σ 結合で，反結合性軌道であるため二つの 2p 軌道の重なりにおいて位相が逆になる．

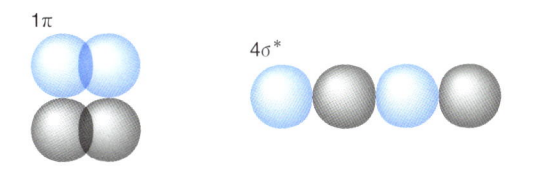

c）a）で示した分子軌道の電子配置からわかるように，O_2 では結合性軌道に 8 個，反結合性軌道に 4 個の電子が入る．例題 2・6c）の式を用いると，結合次数は，

$$b = \frac{1}{2}(8-4) = 2$$

である．O_2^- では O_2 に 1 個の電子が加わり，これが反結合性軌道を占めるので，結合次数は，

$$b = \frac{1}{2}(8-5) = 1.5$$

であり，O_2^{2-} ではさらに 1 個の電子が反結合性軌道に加わり，結合次数は，

$$b = \frac{1}{2}(8-6) = 1$$

となる．

2・2

a）原子のイオン化エネルギーは最外殻の電子を無限遠まで運ぶために必要なエネルギーであるから，水素原子のイオン化エネルギーは 13.6 eV，フッ素原子のイオン化エネルギーは 18.6 eV である．

b）結合性軌道のエネルギーは無限遠を基準にとると -18.8 eV であり，水素原子の 1s 軌道のエネルギー（-13.6 eV）よりフッ素原子の 2p 軌道のエネルギー（-18.6 eV）に近い．よって，結合性軌道の分子軌道には ϕ_H よりも ϕ_F の寄与が大きく，しかも結合性軌道であるからは ϕ_H と ϕ_F の位相は同じである．したがって，分子軌道は（ア）の $0.189\phi_H + 0.982\phi_F$ となる．

一方，反結合性軌道のエネルギーはフッ素原子の 2p 軌道のエネルギーより水素原子の 1s 軌道のエネルギーに近い．よって，反結合性軌道の分子軌道には ϕ_F よりも ϕ_H の寄与が大きく，しかも反結合性軌道であるからは ϕ_H と ϕ_F の位相が異なる．したがって，分子軌道は（カ）の $0.982\phi_H - 0.189\phi_F$ となる．

2・3

a）2s 軌道，$2p_x$ 軌道，$2p_y$ 軌道はいずれも規格化されているので，

$$\int s^* s \, d\tau = \int p_x^* p_x \, d\tau = \int p_y^* p_y \, d\tau = 1$$

であり，また，互いに直交しているので，

$$\int s^* p_x \mathrm{d}\tau = \int s^* p_y \mathrm{d}\tau = \int p_x^* p_y \mathrm{d}\tau = \int p_x^* s \mathrm{d}\tau$$
$$= \int p_y^* s \mathrm{d}\tau = \int p_y^* p_x \mathrm{d}\tau = 0$$

が成り立つ.これらのことをふまえると,

$$\int h_1^* h_1 \mathrm{d}\tau = \int \left(\frac{1}{\sqrt{3}}s^* + \sqrt{\frac{2}{3}} p_x^*\right)\left(\frac{1}{\sqrt{3}}s + \sqrt{\frac{2}{3}} p_x\right)\mathrm{d}\tau$$
$$= \frac{1}{3}\int s^* s \mathrm{d}\tau + \frac{\sqrt{2}}{3}\int s^* p_x \mathrm{d}\tau + \frac{\sqrt{2}}{3}\int p_x^* s \mathrm{d}\tau$$
$$+ \frac{2}{3}\int p_x^* p_x \mathrm{d}\tau$$
$$= \frac{1}{3} + \frac{2}{3} = 1$$

より,混成軌道 h_1 が規格化されていることがわかる.また,

$$\int h_1^* h_2 \mathrm{d}\tau = \int \left(\frac{1}{\sqrt{3}}s^* + \sqrt{\frac{2}{3}} p_x^*\right) \cdot$$
$$\left(\frac{1}{\sqrt{3}}s - \frac{1}{\sqrt{6}} p_x + \frac{1}{\sqrt{2}} p_y\right)\mathrm{d}\tau$$
$$= \frac{1}{3}\int s^* s \mathrm{d}\tau - \frac{1}{3\sqrt{2}}\int s^* p_x \mathrm{d}\tau + \frac{1}{\sqrt{6}}\int s^* p_y \mathrm{d}\tau$$
$$+ \frac{\sqrt{2}}{3}\int p_x^* s \mathrm{d}\tau - \frac{1}{3}\int p_x^* p_x \mathrm{d}\tau + \frac{1}{\sqrt{3}}\int p_x^* p_y \mathrm{d}\tau$$
$$= \frac{1}{3} - \frac{1}{3} = 0$$

より,h_1 と h_2 は互いに直交する.

s 軌道,p_x 軌道,p_y 軌道はすべて実関数で表されるので,$s^* = s$,$p_x^* = p_x$,$p_y^* = p_y$ として計算してもよい.

b) 式 (4) を式 (6) の左辺に代入すると,

$$\int (C_1 \phi_1^* + C_2 \phi_2^*) H (C_1 \phi_1 + C_2 \phi_2) \mathrm{d}\tau$$
$$= \int (C_1^2 \phi_1^* H \phi_1 + C_1 C_2 \phi_1^* H \phi_2 + C_2 C_1 \phi_2^* H \phi_1$$
$$+ C_2^2 \phi_2^* H \phi_2) \mathrm{d}\tau$$

$$= C_1^2 \int \phi_1^* H \phi_1 \mathrm{d}\tau + C_1 C_2 \left(\int \phi_1^* H \phi_2 \mathrm{d}\tau + \int \phi_2^* H \phi_1 \mathrm{d}\tau\right)$$
$$+ C_2^2 \int \phi_2^* H \phi_2 \mathrm{d}\tau$$

となり,式 (4) を式 (6) の右辺に代入し,式 (8) を用いると,

$$\int (C_1 \phi_1^* + C_2 \phi_2^*) E (C_1 \phi_1 + C_2 \phi_2) \mathrm{d}\tau$$
$$= C_1^2 \int \phi_1^* E \phi_1 \mathrm{d}\tau + C_1 C_2 \left(\int \phi_1^* E \phi_2 \mathrm{d}\tau + \int \phi_2^* E \phi_1 \mathrm{d}\tau\right)$$
$$+ C_2^2 \int \phi_2^* E \phi_2 \mathrm{d}\tau$$
$$= C_1^2 E \int \phi_1^* \phi_1 \mathrm{d}\tau + C_1 C_2 \left(E \int \phi_1^* \phi_2 \mathrm{d}\tau + E \int \phi_2^* \phi_1 \mathrm{d}\tau\right)$$
$$+ C_2^2 E \int \phi_2^* \phi_2 \mathrm{d}\tau$$
$$= \left[C_1^2 + C_2^2 + C_1 C_2 \left(\int \phi_1^* \phi_2 \mathrm{d}\tau + \int \phi_2^* \phi_1 \mathrm{d}\tau\right)\right] E$$

となるので,両者を等しいとおくと式 (7) が得られる.

c) 式 (9),(10),(11) を式 (7) に代入すると,
$$(C_1^2 + C_2^2)\alpha + 2C_1 C_2 \beta = (C_1^2 + C_2^2) E$$
が得られる.両辺を C_1 で偏微分すると,
$$2C_1 \alpha + 2C_2 \beta = 2C_1 E + (C_1^2 + C_2^2)\frac{\partial E}{\partial C_1}$$
であり,C_2 で偏微分すると,
$$2C_2 \alpha + 2C_1 \beta = 2C_2 E + (C_1^2 + C_2^2)\frac{\partial E}{\partial C_2}$$
となる.式 (12) を用いれば,これらから式 (13) と (14) が得られる.

d) $C_1 = C_2 = 0$ とはならないから,少なくとも C_1 と C_2 のいずれかはゼロではない.そこで $C_1 \neq 0$ としよう.式 (13) の両辺に $(\alpha - E)$ を掛けると,
$$(\alpha - E)^2 C_1 + \beta(\alpha - E) C_2 = 0 \quad (A1)$$
であり,式 (14) の両辺に β を掛けると,
$$\beta^2 C_1 + \beta(\alpha - E) C_2 = 0 \quad (A2)$$
となるので,式 (A1) から式 (A2) を引くと,

$$[(\alpha - E)^2 - \beta^2]C_1 = 0$$

が得られるが，$C_1 \neq 0$ であるから，

$$(\alpha - E)^2 - \beta^2 = 0 \qquad (A3)$$

が導かれる．$C_2 \neq 0$ としても同じ結論が得られる．式 (A3) の E についての 2 次方程式を解くと，$E = \alpha \pm \beta$，すなわち，式 (15) が導かれる．

また，$E = \alpha + \beta$ のとき，これを式 (13) あるいは (14) に代入すると，

$$C_1 = C_2 \qquad (A4)$$

が得られ，$E = \alpha - \beta$ のときは，

$$-C_1 = C_2 \qquad (A5)$$

となる．つまり，式 (4) の波動関数は $\Psi = C_1(\phi_1 \pm \phi_2)$ と書ける．Ψ を規格化すれば，

$$\int \Psi^* \Psi \, d\tau = \int C_1^2 |\phi_1 \pm \phi_2|^2 \, d\tau = 1$$

であり，式 (8) と式 (11) を用いれば $C_1 = 1/\sqrt{2}$ となって，式 (16) が導かれる．

補足 式 (5) のハミルトニアン H は，この場合，1 電子の運動エネルギーとポテンシャルエネルギーの和を表す演算子であり，ポテンシャルエネルギーはこの電子が他の電子および原子核から受けるクーロン力によるものである．

2・4

単純立方，体心立方，六方最密格子については 3 章の解説 4 の図を参照．

{単純立方・体心立方・面心立方・六方最密}，

① 6，② $-\dfrac{3e^2}{2\pi\varepsilon_0 r}$，③ 12，④ $\sqrt{2}\,r$，

⑤ $\dfrac{3e^2}{\sqrt{2}\pi\varepsilon_0 r}$，⑥ 8，⑦ $\sqrt{3}\,r$，⑧ $-\dfrac{2e^2}{\sqrt{3}\pi\varepsilon_0 r}$，

⑨ $6 - \dfrac{12}{\sqrt{2}} + \dfrac{8}{\sqrt{3}} - \cdots$，⑩ N_A，

⑪ $6 - \dfrac{12}{\sqrt{2}} + \dfrac{8}{\sqrt{3}} - \cdots$，⑫ $6 - \dfrac{12}{\sqrt{2}} + \dfrac{8}{\sqrt{3}} - \cdots$，

{結晶構造のみ・イオンの価数のみ・結晶構造とイオンの価数}

イオン間の距離については下図を参照．

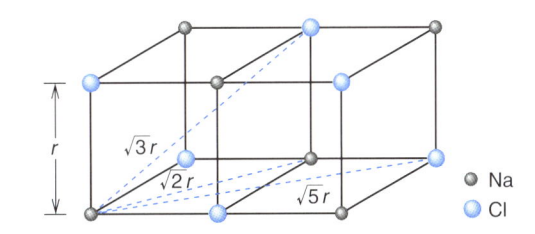

補足 1 mol の NaCl では Na^+ のポテンシャルエネルギーも Cl^- のポテンシャルエネルギーも $N_A E_1$ であるから足し合わせると $2N_A E_1$ であるが，この足し算では一つの結合を 2 回数えていることになるので，全ポテンシャルエネルギーは $E = 2N_A E_1 / 2 = N_A E_1$ である．

2・5

a) マグネシウム原子の電子配置は $[Ne]3s^2$ で 3p 軌道は空であるが，マグネシウムの結晶では下図に模式的に示すように 3s 軌道によるバンドと 3p 軌道によるバンドが一部重なり，互いのエネルギーが等しくなるような準位が現れる．このため，3s 軌道によるバンドが電子で完全に占められる前に一部の電子は 3p 軌道によるバンドを占めるようになり，どちらのバン

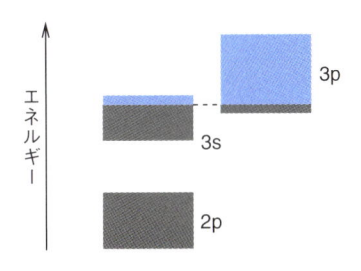

ども電子による占有が不完全となる．このため，これらのバンドは電子の伝導に寄与できることになり，マグネシウム結晶は金属となる．

b）下図に示すように半導体では価電子帯の電子が熱エネルギーによって伝導帯まで励起されると，この電子が電気伝導に寄与する．同時に，価電子帯には正孔が生じ，これも電気伝導に寄与する．温度が上がるほど励起される電子と正孔の数は増えるので電気伝導率は高くなる．

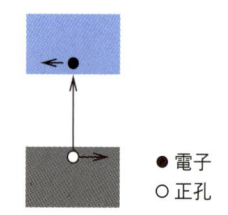

●電子
○正孔

補足 電気伝導率の温度依存性は金属（例題2・8a参照）と半導体で異なることに注意しよう．また，**正孔**とは価電子帯に生じる電子が抜けた空の準位で，正電荷をもった粒子として振舞い，電子と同様に電気伝導に寄与する．

2・6

a）① 2，② 2，③ 2，④ 7，⑤ 60，⑥ 120，⑦ 6，⑧ 3，⑨ 3，⑩ 3，⑪ 8，⑫ 6，{H_2Oのみ，ベンゼンのみ，メタンのみ，H_2Oとベンゼン，H_2Oとメタン，ベンゼンとメタン}

解説 ベンゼンとメタンの対称要素のいくつかを下図に示しておく．ベンゼンのC_6軸（60°の回転）は正六角形のベンゼン分子を含む面に垂直で，時計回りと反時計回り（+60°と−60°，ここでは時計回りを正にとった）の2通りがある．正六角形であるから120°の回転（これも時計回りと反時計回りの2通り）も対称操作となる．さらに，この軸のまわりの180°の回転も対称操作の一つである．この場合，時計回りの回転と反時計回りの回転は同じ結果を生むので，両者を区別しない（下図参照）．180°の回転軸は分子を含む面内にも存在する．これらは，下図に示したとおり2個の炭素原子を含む回転軸と炭素原子間の結合の中点を通る回転軸であり，それぞれ3本ずつある．よって，C_2軸は全部で7本ある．鏡映面のうち，σ_hは図に示したとおりであり，ベンゼン分子そのものを含む．また，σ_vとσ_dは図中の直線を含んでベンゼン分子に垂直であり，それぞれ3個ずつ存在する．

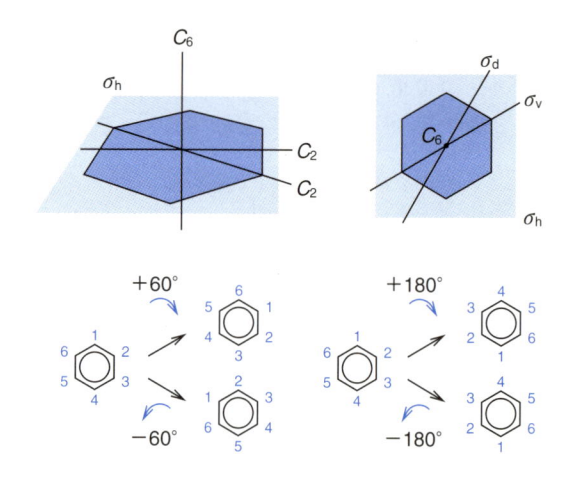

メタンは図のように正四面体が内接する立方体を考えるとC_2軸などの存在がわかりやすい．C_2軸は立方体では向かい合った面の中心を通り，正四面体では互いにねじれの位置にある辺の中点を通る．立方体では向かい合った面の組合わせは3通りであるからC_2軸も3本である．C_3軸は正四面体の一つの頂点とその向かい側にある正三角形の中心を通る．正四面体の頂点は四つあるから，時計回りと反時計回りを考えるとC_3軸は8本である．鏡映面は正四面体の一つの辺を含み，その辺とねじれの位置にある辺の中点も含んでいる．正四面体の辺は六つであるから，鏡映面は6個ある．

鏡映面

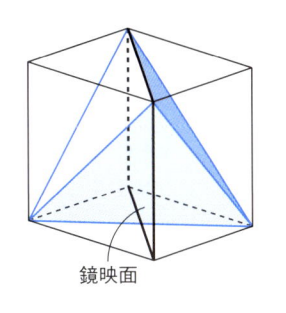

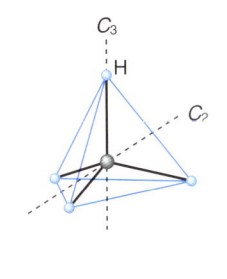

3 章

3・1

混合気体の全圧は，

$$P = \frac{nRT}{V}$$

$$= \frac{1.00 \text{ mol} \times 0.08214 \text{ atm dm}^3 \text{K}^{-1}\text{mol}^{-1} \times 300 \text{ K}}{25.0 \text{ dm}^3}$$

$$= 0.986 \text{ atm}$$

それぞれの気体の分圧は，

$N_2 : P_1 = 0.986 \text{ atm} \times 0.80 = 0.79 \text{ atm}$

$O_2 : P_2 = 0.986 \text{ atm} \times 0.20 = 0.20 \text{ atm}$

3・2

a) ① 分子間力，② 分子の体積

解説 気体の圧力は気体分子が容器の壁と衝突して壁に与える力である．分子間力が働く場合，壁にぶつかろうとする気体分子を他の気体分子が引っ張るので，圧力は理想気体の場合より低くなる．この減少分を補正するために，実際の圧力 P に n^2a/V^2 という項を加えて理想気体に合わせている．気体分子を引き戻そうとする他の気体分子の数は n/V に比例する．また，壁に衝突する頻度は気体分子が多いほど高くなり，やはり n/V に比例する．これらから，圧力の補正項は $(n/V)^2$ に比例する．

一方，体積の補正はもう少しわかりやすい．一つの気体分子が動き回れる空間の体積は，容器の体積 V から他の気体分子の体積を除いたものであるから，$V - nb$ と書ける．補正項 nb が気体分子の占める体積である．

b) ファン デル ワールスの状態方程式に代入してみよう．$a = 1.363 \text{ atm dm}^6 \text{mol}^{-2}$，$b = 3.219 \times 10^{-2} \text{ dm}^3 \text{mol}^{-1}$，$T = 400 \text{ K}$，$V = 0.300 \text{ dm}^3$，$n = 1.00 \text{ mol}$，また，$R = 0.08214 \text{ atm dm}^3 \text{K}^{-1}\text{mol}^{-1}$ であるから，有効数字を 3 桁まで考えると，

$$P = \frac{nRT}{V-nb} - \frac{n^2 a}{V^2}$$

$$= \left[\frac{1.00 \times 0.08214 \times 400}{0.300 - 1.00 \times (3.219 \times 10^{-2})} - \frac{1.00^2 \times 1.363}{0.300^2}\right] \text{atm}$$

$$= 107 \text{ atm}$$

また，アルゴンが理想気体であれば，

$$P = \frac{nRT}{V} = \frac{1.00 \times 0.08214 \times 400}{0.300} \text{ atm} = 110 \text{ atm}$$

両者の差はそれほど大きくはない．

3・3

圧力がそれほど大きくない領域（物質と温度にもよるが，例題 3・3a) の例では約 100 atm 以下）では，気体分子の数密度と速度はそれほど大きくない．この場合，気体分子の体積は無視できるが，分子間に働く引力は無視できない．練習問題 3・3 で学んだように，分子間の引力は無極性分子では分子が大きくなるほど強くなり，また，分子に永久双極子が存在するとさらに強くなる．よって，水素，メタン，アンモニアに働く分子間の引力は，

水素 ＜ メタン ＜ アンモニア

の順に強くなる．特にアンモニアでは水素結合が働く．分子間の引力が強ければ気体は圧縮されやすいから，一定の圧力下で気体の体積は理想気体で予測される値よりも小さくなろうとする．この結果，メタンやアンモニアでは，

$$\frac{PV}{nRT} < 1$$

の関係が現れる.

3・4

① $2mv_x$, ② $v_x\Delta t$, ③ $Av_x\Delta t$, ④ $\dfrac{NAv_x\Delta t}{2V}$,

⑤ $\dfrac{NmAv_x^2\Delta t}{V}$, ⑥ $\dfrac{NmAv_x^2}{V}$, ⑦ $\dfrac{Nmv_x^2}{V}$,

⑧ $\dfrac{Nm\langle v_x^2\rangle}{V}$, ⑨ 3

解説 気体の分子が容器の壁に及ぼす力をすべて足し合わせれば,巨視的に気体が示す圧力が得られる.分子が壁に及ぼす力は衝突にともなう運動量の変化から計算することができる.力 F が時間 Δt の間だけ作用すると,運動量は,

$$\Delta p = F\Delta t$$

だけ変化する.

分子の速度が $\boldsymbol{v} = (v_x, v_y, v_z)$ であれば,その大きさ(すなわち,速さ) v は $v^2 = v_x^2 + v_y^2 + v_z^2$ で与えられる.分子の運動が無秩序であれば,速度の各成分は他の成分に関係なく勝手な値をとることができる.このように v_x, v_y, v_z が互いに独立であれば,v^2 の平均は,v_x^2, v_y^2, v_z^2 それぞれの平均の和となり,

$$\langle v^2\rangle = \langle v_x^2\rangle + \langle v_y^2\rangle + \langle v_z^2\rangle$$

である.また,$\langle v_x^2\rangle = \langle v_y^2\rangle = \langle v_z^2\rangle$ であるから,

$$\langle v^2\rangle = 3\langle v_x^2\rangle$$

が得られる.

4 章

4・1

ア) ①, ②, イ) ②, ③, ウ) ②

解説 ① では体積が一定なので仕事はゼロであり,冷却過程だから系からは熱が失われ,その分,内部エネルギーが減少している.

② と ③ は常に平衡状態を保ちながらピストンを動かして気体の体積を変える過程で,可逆過程である.② も ③ も気体が膨張するので気体は仕事をする.② のように温度が一定の過程では,理想気体の内部エネルギーは変化しないことが知られている.これはつぎのように考えれば理解できる.例題 4・2 で見たように,内部エネルギー変化は定容過程で系に出入りする熱に等しい.そこで,体積が一定の容器に閉じ込められた理想気体を考えてみよう.理想気体では気体分子間に相互作用は働かず,個々の分子は勝手に飛び回っている.分子の運動エネルギーは気体の温度に対応する熱エネルギーに等しい(例題 3・4 を参照).理想気体ではこのエネルギーが潜在的な内部エネルギーに相当する.つまり,理想気体では内部エネルギーは温度のみによって決まり,温度が一定であれば内部エネルギーは変化しない.② では気体が仕事をするにもかかわらず内部エネルギーは変化しないので,その分だけ外界から熱がまかなわれることになる.

③ は断熱過程なので熱の出入りはない.上述のようにここでは気体が仕事をするので,その分だけ内部エネルギーは減少する.

4・2

a) ① $\frac{1}{2}\text{H}_2(\text{g}) + \frac{1}{2}\text{Cl}_2(\text{g}) \rightarrow \text{HCl}(\text{g})$,

② $\text{Ca}(\text{s}) + \text{C}(\text{s}) + \frac{3}{2}\text{O}_2(\text{g}) \rightarrow \text{CaCO}_3(\text{s})$,

③ 0, ④ 10^5,

⑤ $\text{C}_6\text{H}_{12}\text{O}_6(\text{s}) + 6\text{O}_2(\text{g}) \rightarrow 6\text{CO}_2(\text{g}) + 6\text{H}_2\text{O}(\text{l})$,

⑥ $6\text{C}(\text{s}) + 3\text{O}_2(\text{g}) + 6\text{H}_2(\text{g}) \rightarrow \text{C}_6\text{H}_{12}\text{O}_6(\text{s})$,

⑦ $\text{C}(\text{s}) + \text{O}_2(\text{g}) \rightarrow \text{CO}_2(\text{g})$,

⑧ $\text{H}_2(\text{g}) + \frac{1}{2}\text{O}_2(\text{g}) \rightarrow \text{H}_2\text{O}(\text{l})$, ⑨ 6, ⑩ -2802

解説 グルコースの燃焼エンタルピーは，
$(-393.51)\times 6+(-285.83)\times 6-(-1274)=-2802$
から $-2802\,\mathrm{kJ\,mol^{-1}}$ と計算できる．この計算式では，エンタルピー変化は，

[生成系の生成エンタルピーの総和] －
　　　　　[反応系の生成エンタルピーの総和]

の形で表されていることに着目しよう．グルコースの燃焼反応では生成系が $CO_2(g)$ と $H_2O(l)$ であり，反応系が $C_6H_{12}O_6(s)$ と $O_2(g)$ であって，計算にはもちろん物質量も考慮する．$O_2(g)$ の生成エンタルピーはゼロであることにも注意しよう．

b) アセチレンの燃焼反応は，

$$C_2H_2(g)+\frac{5}{2}O_2(g)\longrightarrow 2CO_2(g)+H_2O(l)$$

である．この反応のエンタルピー変化 ΔH は，

$\Delta H=$ [生成系の生成エンタルピーの総和]
　　　　－[反応系の生成エンタルピーの総和]
　　$=[(-393.51)\times 2+(-285.83)]-(226.73+0)$
　　$=-1299.58$

から $-1299.58\,\mathrm{kJ\,mol^{-1}}$ と計算できる．大きな発熱をともなう反応であることがわかる．

4・3

① $\dfrac{\Delta H}{T_b}$，{発熱・[吸熱]}，{[増加]・減少}，② 109，③ 87.2，④ 85.75，⑤ 87.9

解説 吸熱反応の場合，系のエンタルピーは増加する．エントロピーの定義からわかるように，このときエントロピーも増加する．この問題からわかるように，いくつかの物質の蒸発エントロピーは $85\,\mathrm{J\,K^{-1}\,mol^{-1}}$ に近い値をとる．これを**トルートンの規則**という．分子間力の弱い液体では物質の種類が変わっても構造に大きな差はなく（つまり，乱雑さに差はなく），エントロピーの大きさも近い値となる．気体は分子が無秩序に動き回っているためエントロピーは非常に大きく，物質による違いもほとんどない．このため，蒸発エントロピーは物質によらずほぼ一定（約 $85\,\mathrm{J\,K^{-1}\,mol^{-1}}$）となる．一方，水の蒸発エントロピーは $109\,\mathrm{J\,K^{-1}\,mol^{-1}}$ と他の三つの物質より大きな値である．水では水素結合により水分子同士が結合して比較的規則的な構造をつくっているためエントロピーは低く，水蒸気に変わる際のエントロピー変化が大きくなる．

4・4

ア) ①，イ) ①，ウ) ③，エ) ②，オ) ①

解説 自由エネルギーの変化は，

$$\Delta G=\Delta H-T\Delta S$$

と書けるので，反応にともなうエントロピー変化 ΔS が正，負，ゼロのいずれになるかを考えれば，ΔG が温度 T に対してどのように変化するかを予測できる．ア)～オ) の反応はいずれも固体と気体のみが関与する反応であり，気体のエントロピーは固体と比べて大きいから，反応にともなう気体の物質量の増減に応じてエントロピーも増減する．たとえば，ア) では気体の物質量は $3\,\mathrm{mol}$ から $0\,\mathrm{mol}$ に減少しているからエントロピー変化は負であり，$-\Delta S>0$ となるので ΔG は温度とともに増加する．エ) では気体の物質量が $1\,\mathrm{mol}$ から $2\,\mathrm{mol}$ に増加しているので，ア) とは逆に $-\Delta S<0$ であって ΔG は温度とともに減少する．また，ウ) では $\Delta S=0$ で，ΔG は温度が変化しても変わらない．

補足 ここで示したような金属の単体と酸素から酸化物ができる反応，および炭素と酸素が関係する反応の自由エネルギー変化と温度の関係をグラフに表すとつぎの図のようになる．これを**エリンガム図**という．

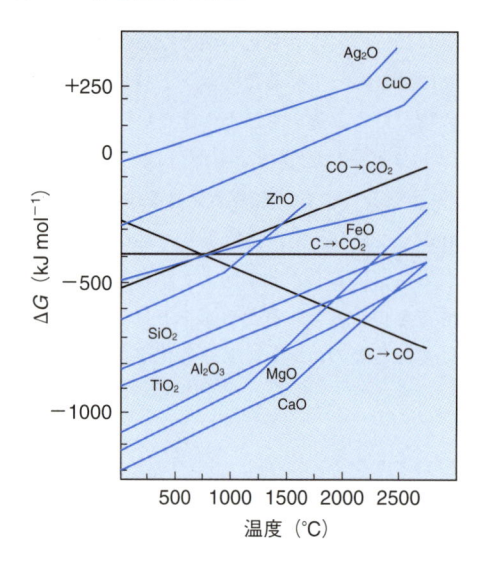

ただし，各直線は，

$$\text{Ti(s)} + \text{O}_2(\text{g}) \longrightarrow \text{TiO}_2(\text{s})$$

のように $\text{O}_2(\text{g})$ が 1 mol 反応したときの自由エネルギー変化に対応する．また，図の温度領域ですべての金属単体が固体であるわけではなく，液体や気体の状態もとりうることを注意しておこう．たとえば，CaO に対応する直線が 1500 ℃ あたりで折れ曲がっているのは，カルシウムが 1480 ℃ に沸点をもつためである．このことも踏まえて各直線の傾き（正か負か）を確認しておこう．

エリンガム図で下にある反応ほど自由エネルギー変化は負でその絶対値が大きい．すなわち，反応は進みやすいことになる．たとえば，1500 ℃ 以下であれば Ti の反応に対応する直線は，

$$2\text{C(s)} + \text{O}_2(\text{g}) \longrightarrow 2\text{CO(g)}$$

に対応する直線より下にある．つまり，Ti から TiO_2 が生成する反応の自由エネルギーの減少分のほうが大きいことから，この温度領域では Ti により CO が還元される反応

$$\text{Ti(s)} + 2\text{CO(g)} \longrightarrow \text{TiO}_2(\text{s}) + 2\text{C(s)}$$

は自発的に進行し，その逆の TiO_2 が C によって還元される反応は進まない．また，十分高温であれば SiO_2 を C によって還元して Si に変えることができる．このプロセスは工業的に利用されている．

4・5

a) ① $\dfrac{x^2}{(1.00-x)^2}$，② 0.67，③ 0.33

解説 反応前に存在する酢酸とエタノールの濃度がいずれも $1.00\,\text{mol}\,\text{dm}^{-3}$ で，平衡状態において生成した酢酸エチルが $x\,\text{mol}\,\text{dm}^{-3}$ であれば，反応に使われた酢酸とエタノールの濃度は $x\,\text{mol}\,\text{dm}^{-3}$ であり，残りの酢酸とエタノールの濃度は $(1.00-x)\,\text{mol}\,\text{dm}^{-3}$ となる．生成した水の濃度は酢酸エチルに等しく $x\,\text{mol}\,\text{dm}^{-3}$ である．平衡定数は，

$$K = \dfrac{[\text{CH}_3\text{COOC}_2\text{H}_5][\text{H}_2\text{O}]}{[\text{CH}_3\text{COOH}][\text{C}_2\text{H}_5\text{OH}]}$$

で与えられ，$K = 4.0$ であるから，

$$K = \dfrac{x^2}{(1.00-x)^2} = 4.0$$

が成り立ち，この 2 次方程式を解けば x が得られる．解として $x = 0.67$ 以外に $x = 2.00$ も得られるが，これは最初の酢酸およびエタノールの濃度より高い値なので不可である．

b) 最初に $1.00\,\text{mol}\,\text{dm}^{-3}$ の酢酸とエタノールに加えて $1.00\,\text{mol}\,\text{dm}^{-3}$ の水があり，平衡状態での酢酸エチルが $y\,\text{mol}\,\text{dm}^{-3}$ であれば，水の濃度は $(1.00+y)\,\text{mol}\,\text{dm}^{-3}$ であり，

$$K = \dfrac{y(1.00+y)}{(1.00-y)^2} = 4.0$$

が成り立つ．2 次方程式を解けば $y = 0.54$ と $y = 2.46$ が得られるが，後者は不可である．よって，生成した酢酸エチルの濃度は $0.54\,\text{mol}\,\text{dm}^{-3}$ である．

a) で得た酢酸エチルの濃度は $0.67\,\text{mol}\,\text{dm}^{-3}$ であっ

た．つまり，最初に水が存在していれば，生成する酢酸エチルの濃度は減少する．

4・6

① $P\Delta V$，② $Q+W$，③ Q，④ $-P\Delta V$，
⑤ $W-W'$，⑥ $-(W-W')$

解説 自由エネルギーには，それが減少する方向に自発的な反応が進行し，その値が極小で一定となる状態が平衡状態であるという重要な意味のほかに，この問題で導いたように系から取出すことのできる膨張以外の最大の仕事という意味もある．系から取出して仕事として使うことのできるエネルギーという観点から自由エネルギーという名称が付けられている．

4・7

① $2a$，② $1-a$，③ $1+a$，④ $\dfrac{1-a}{1+a}$，⑤ $\dfrac{2a}{1+a}$，
⑥ $\dfrac{1-a}{1+a}P$，⑦ $\dfrac{2a}{1+a}P$，⑧ $\dfrac{4a^2}{1-a^2}P$，
⑨ $\sqrt{\dfrac{K}{K+4P}}$，{大きく・小さく}，{右・左}

5 章

5・1

誤っているものは ①，③，⑤

解説 反応速度定数の単位についてはつぎのように考えてみよう．まず，1次反応について調べてみる．1次反応の反応速度式は，

$$-\frac{d[A]}{dt} = k_1[A]$$

である．この関係は，

$$\frac{(濃度)}{(時間)} = (反応速度定数) \times (濃度)$$

と表すことができるので，

$$(反応速度定数) = (時間)^{-1}$$

となり，確かに反応速度定数は時間の逆数の単位をもつことになる．つぎに，2次反応ではどうだろうか．反応速度式は，

$$-\frac{d[A]}{dt} = k_2[A]^2$$

であるから，

$$\frac{(濃度)}{(時間)} = (反応速度定数) \times (濃度)^2$$

が成り立ち，

$$(反応速度定数) = (濃度)^{-1}(時間)^{-1}$$

となって，2次反応の反応速度定数の単位は時間の逆数ではない．このように，反応の種類に応じて反応速度定数の単位は異なる．よって，① は誤りである．

② については例題 5・4a) を参照のこと．1次反応でも2次反応でも半減期と反応速度定数は反比例の関係にある．③ では，反応物の濃度が高くなれば，当然，分子同士が衝突する確率は増えるので，衝突頻度は増加する．④ の記述は正しい．触媒は活性化エネルギーを小さくして反応速度を増加させる．このとき，正反応だけではなく逆反応も反応速度は増加する．⑤ は2次反応の反応速度式を見ればわかる．反応速度 $-d[A]/dt$ は $[A]^2$ に比例し，$[A]$ は時間とともに減少するので，反応速度も時間とともに小さくなり，反応は遅くなる．

5・2

a） 0次反応の反応速度式

$$-\frac{d[A]}{dt} = k_0$$

より，

$$d[A] = -k_0 dt$$

であるから，右辺を 0 から t まで積分すると同時に左辺を $[A]_0$ から $[A]$ まで積分すれば，

$$\int_{[A]_0}^{[A]} d[A] = -k_0 \int_0^t dt$$

が成り立つ．積分を実行すると，

$$[A] - [A]_0 = -k_0 t \quad (A1)$$

となって，求める式が得られる．これをグラフで表すとつぎのようになる．

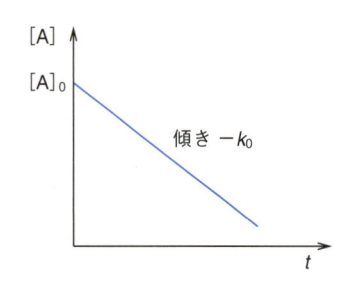

[A] vs t のグラフ：[A]₀ から傾き $-k_0$ で減少する直線

b) 設問 a) の解答の式 (A1) において $[A] = [A]_0/2$ とおくと，半減期として，

$$t_{1/2} = \frac{[A]_0}{2k_0}$$

が得られる．

5・3

a) ① $[A]_0 - x$，② $[B]_0 - x$，
③ $k_2([A]_0 - x)([B]_0 - x)$

解説 時刻 t における生成物 C の濃度が x であるから，この時刻までに反応した A の濃度は x である．反応開始前の A の濃度は $[A]_0$ であるから，この時刻における A の濃度は $[A]_0 - x$ である．B の濃度も同様に $[B]_0 - x$ と求まる．この反応は 2 次反応であるから，生成物 C の生じる速度 dx/dt は $([A]_0 - x)([B]_0 - x)$ に比例する．

b) 式 (4) の微分方程式，すなわち，

$$\frac{dx}{dt} = k_2([A]_0 - x)([B]_0 - x)$$

を解いてみよう．例によって二つの変数 x と t を分離すると，

$$\frac{dx}{([A]_0 - x)([B]_0 - x)} = k_2 dt \quad (A1)$$

である．$[A]_0 \neq [B]_0$ であることに注意して式 (A1) の左辺を変形すると，

$$\frac{1}{[A]_0 - [B]_0}\left(\frac{1}{[B]_0 - x} - \frac{1}{[A]_0 - x}\right) dx = k_2 dt$$

$$(A2)$$

が得られる．時刻 0 では生成物は存在しないから $x = 0$ であり，時刻 t のときに生成物の濃度が x であるから，式 (A2) の左辺を 0 から x まで積分すると同時に右辺を 0 から t まで積分すればよい．すなわち，

$$\frac{1}{[A]_0 - [B]_0}\int_0^x\left(\frac{1}{[B]_0 - x} - \frac{1}{[A]_0 - x}\right) dx = k_2 \int_0^t dt$$

$$(A3)$$

である．特に，式 (A3) の左辺において，常に $[B] > x$ であることに注意すると（対数の真数の正負），

$$\int_0^x \frac{1}{[B]_0 - x} dx = -\ln([B]_0 - x) - (-\ln[B]_0)$$

などが得られるから，式 (A3) より，

$$\frac{1}{[A]_0 - [B]_0}[-\ln([B]_0 - x) + \ln[B]_0$$
$$+ \ln([A]_0 - x) - \ln[A]_0] = k_2 t$$

$$(A4)$$

と積分が実行できる．$[A]_0 - x = [A]$，$[B]_0 - x = [B]$ であるから，これらを式 (A4) に代入して整理すると，求めるべき，

$$\frac{1}{[A]_0 - [B]_0} \ln \frac{[A][B]_0}{[A]_0[B]} = k_2 t \quad (A5)$$

が導かれる．

5・4

① 150，② 32.8

解説 アレニウスの式より，300 K および 400 K

における反応速度定数を k_{300} および k_{400} とおくと，活性化エネルギーの単位を $J\,mol^{-1}$ で表して，

$$\ln k_{300} = \ln A - \frac{50.0 \times 10^3\,J\,mol^{-1}}{8.314\,J\,K^{-1}\,mol^{-1} \times 300\,K} \tag{A1}$$

$$\ln k_{400} = \ln A - \frac{50.0 \times 10^3\,J\,mol^{-1}}{8.314\,J\,K^{-1}\,mol^{-1} \times 400\,K} \tag{A2}$$

が得られる．式 (A2) − 式 (A1) より，

$$\ln \frac{k_{400}}{k_{300}} = -\frac{50.0 \times 10^3}{8.314}\left(\frac{1}{400} - \frac{1}{300}\right) = 5.01$$

よって，

$$\frac{k_{400}}{k_{300}} = e^{5.01} = 150$$

が導かれる．また，触媒の存在下における活性化エネルギーを E_a とおくと，この条件下での反応速度定数は $1000\,k_{300}$ であるから，

$$\ln(1000\,k_{300}) = \ln A - \frac{E_a}{8.314\,J\,K^{-1}\,mol^{-1} \times 300\,K} \tag{A3}$$

が成り立つ．式 (A3) − 式 (A1) より，

$$\ln 1000 = \frac{50.0 \times 10^3\,J\,mol^{-1} - E_a}{8.314\,J\,K^{-1}\,mol^{-1} \times 300\,K}$$

となるので，$E_a = 32.8 \times 10^3\,J\,mol^{-1} = 32.8\,kJ\,mol^{-1}$ が得られる．

5・5

① 3.84×10^{-12}，② 1840，③ 10，{ 5 , 10, 20, 100, 200}

解説 まず，1年が何秒に当たるかを計算してみよう．

$365\,(日/年) \times 24\,(時間/日) \times 3600\,(秒/時間)$
$= 31536000\,(秒/年)$

対象としている反応は1次反応であるから，反応速度定数は，

$$k_1 = \frac{\ln 2}{t_{1/2}} = \frac{\ln 2}{5730 \times 31536000}\,s^{-1} = 3.84 \times 10^{-12}\,s^{-1}$$

と計算できる．最初の ^{14}C の数を $[^{14}C]_0$ とおく．20% が ^{14}N に変換されると残りの ^{14}C は最初の80%であるから，1次反応の式に当てはめると，

$$\ln \frac{0.8[^{14}C]_0}{[^{14}C]_0} = -\frac{\ln 2}{5730}t$$

となるので，最初に存在した ^{14}C のうち20%が ^{14}N に変換されるまでに要する時間は $t = 1840$ 年である．また，この時点から17190年後について考えると，$17190 = 5730 \times 3$ であるから，

$$0.8[^{14}C]_0 \times \left(\frac{1}{2}\right)^3 = 0.1[^{14}C]_0$$

より，残っている ^{14}C の数は最初の10%である．

^{14}C を用いた年代測定の限界は，^{14}C の割合が 1.2×10^{-12} から 1.0×10^{-15} まで減少する時間を計算すれば求められる．

$$\ln \frac{1.0 \times 10^{-15}}{1.2 \times 10^{-12}} = -\frac{\ln 2}{5730}t$$

より，$t = 5.9 \times 10^4$ 年となるから，約5万年である．

5・6

① $k_2[ES]$，② $k_1[E][S] - k_{-1}[ES] - k_2[ES]$，
③ $k_1[E][S] - k_{-1}[ES] - k_2[ES]$，④ $[E] + [ES]$，
⑤ $\dfrac{k_1[E]_0[S]}{k_1[S] + k_{-1} + k_2}$，⑥ $\dfrac{k_2[E]_0[S]}{K_M + [S]}$

解説 素反応では，反応に寄与するすべての反応物の濃度に比例する形で反応速度を表現することができる．たとえば，ES の濃度の時間変化（ES が生成する速度）には，つぎの三つの寄与がある．

(1) E と S からの ES の生成：$k_1[E][S]$
(2) ES の E と S への分解：$-k_{-1}[ES]$
(3) ES から P と E への反応：$-k_2[ES]$

(2) と (3) は ES の濃度が減少する反応であるから，反応速度は負になることに注意しよう．複合体 ES は定常状態にあり，その濃度は時間によらず一定であると考えているので，(1)～(3) の和がゼロになる．

ミカエリス-メンテンの式

$$v = \frac{k_2[\text{E}]_0[\text{S}]}{K_\text{M}+[\text{S}]} \quad (\text{A1})$$

は，反応速度が酵素の全濃度 $[\text{E}]_0$ に比例することを示している．また，基質の濃度が低い場合，$[\text{S}] \ll K_\text{M}$ となるので，式 (A1) は，

$$v = \frac{k_2[\text{E}]_0[\text{S}]}{K_\text{M}}$$

となり，反応速度は基質の濃度に比例する．逆に基質の濃度が高いと，$[\text{S}] \gg K_\text{M}$ であるから，式 (A1) は，

$$v = \frac{k_2[\text{E}]_0}{\frac{K_\text{M}}{[\text{S}]}+1} = k_2[\text{E}]_0$$

となり，反応速度は基質の濃度によらず一定となる．これらの結果は実験とよく一致する．たとえば基質の濃度 $[\text{S}]$ と反応速度 v との関係は下図のようになることが実験的に知られている．

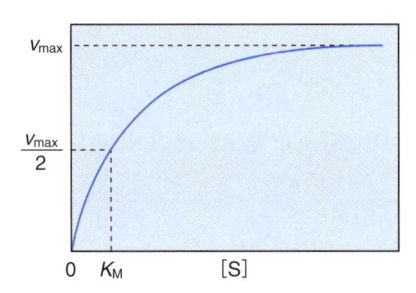

基質の濃度が高くなって飽和に達したときの速度は最大速度とよばれ，上記のとおり $k_2[\text{E}]_0$ で与えられる．これを v_max とおくと，式 (A1) から明らかなように，$[\text{S}] = K_\text{M}$ のとき，$v = v_\text{max}/2$ となる．

また，式 (A1) に $k_2[\text{E}]_0 = v_\text{max}$ を代入し，変形すると，

$$\frac{1}{v} = \frac{K_\text{M}+[\text{S}]}{v_\text{max}[\text{S}]} = \frac{1}{v_\text{max}} + \left(\frac{K_\text{M}}{v_\text{max}}\right)\frac{1}{[\text{S}]} \quad (\text{A2})$$

が得られる．これを**ラインウィーバー-バークの式**という．式 (A2) に基づいて $1/v$ を $1/[\text{S}]$ に対してプロットすると下図のように直線が得られ，縦軸との切片と傾きとから K_M と v_max を求めることができる．

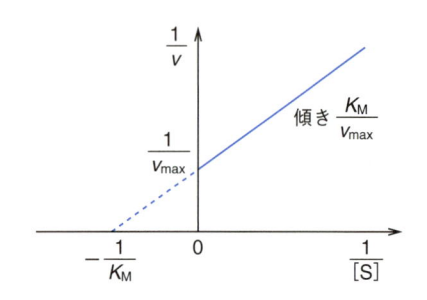

6 章

6・1

a) 解答は下図である．アセトン分子とクロロホルム分子の間には引力が働く．したがって，両方が溶け合った溶液中の分子は互いに引き合って，外部へ飛び出すことが困難である．この結果，蒸気圧は低くなる．これは，アセトン，クロロホルム各成分の蒸気圧が低くなるだけでなく，溶液全体の蒸気圧も低くなることを意味する．そのため，グラフはすべて下に膨ら

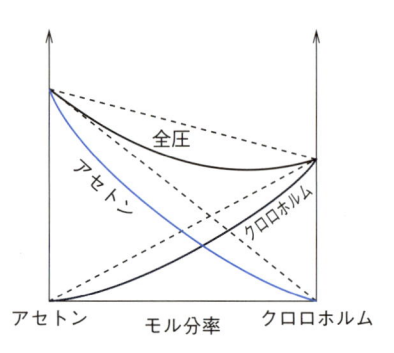

b）解答は下図である．アセトン分子と二硫化炭素分子の間には斥力が働く．この結果，両分子は互いに反発し合い，外部に飛び出す機会が増える．これは，蒸気圧が増加することを意味する．この結果，各成分単独の蒸気圧，溶液全体の蒸気圧ともに上に膨らんだ曲線を与えることになる．

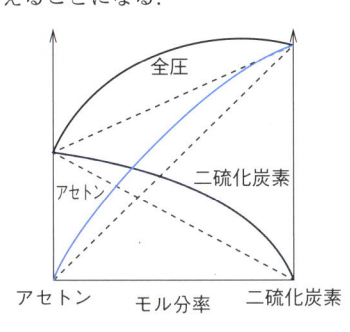

6・2

ラウールの法則より $P_A = x_A P_A^*$ であるから，これを式 (2) に代入すると，

$$\mu_A = \mu_A^\circ + RT \ln(x_A P_A^*)$$
$$= \mu_A^\circ + RT \ln P_A^* + RT \ln x_A$$

であり，式 (1) を用いれば，

$$\mu_A = \mu_A^* + RT \ln x_A$$

となる．$x_A < 1$ だから，$RT \ln x_A < 0$ で，必ず $\mu_A < \mu_A^*$ となる．μ_A を図示すると下のようになる．この図から，溶液における沸点上昇と凝固点降下も理解できる．

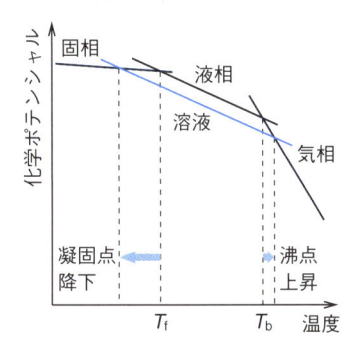

6・3

アンモニアの水中での塩基解離平衡は，

$$NH_3 + H_2O \rightleftharpoons NH_4^+ + OH^-$$

である．水分子は十分に多く $[H_2O]$ は定数であると考えると，塩基解離定数は，

$$K_b = \frac{[NH_4^+][OH^-]}{[NH_3]}$$

と表される．一方，アンモニウムイオンと水との反応は，

$$NH_4^+ + H_2O \rightleftharpoons NH_3 + H_3O^+$$

であるから，酸解離定数は，

$$K_a = \frac{[NH_3][H_3O^+]}{[NH_4^+]}$$

と書くことができる．また，水のイオン積は，

$$K_W = [H^+][OH^-] = [H_3O^+][OH^-]$$

であるから，

$$K_b \times K_a = \frac{[NH_4^+][OH^-]}{[NH_3]} \times \frac{[NH_3][H_3O^+]}{[NH_4^+]}$$

$$= [H_3O^+][OH^-] = K_W$$

が成り立つ．

6・4

a）NaH_2PO_4 は水溶液中でほぼ完全に Na^+ と $H_2PO_4^-$ に解離する．生じた $H_2PO_4^-$ の酸解離平衡は，

$$H_2PO_4^- \rightleftharpoons H^+ + HPO_4^{2-} \quad (A1)$$

であり，酸解離定数は，

$$K_a = \frac{[H^+][HPO_4^{2-}]}{[H_2PO_4^-]} \quad (A2)$$

と表される．この酸解離定数は小さいため，溶解した NaH_2PO_4 と溶液中の $H_2PO_4^-$ の物質量はほぼ等しい．一方，Na_2HPO_4 はほぼすべてが Na^+ と HPO_4^{2-} に解離している．これらのことから，$[H_2PO_4^-] = c_1$，$[HPO_4^{2-}] = c_2$ とおくことができ，式 (A2) に代入し

て変形すると，式 (1) が得られる．

b) $c_1 = 1 \text{ mol dm}^{-3}$, $c_2 = 1 \text{ mol dm}^{-3}$, $K_a = 6.3 \times 10^{-8}$ を式 (1) に代入すると，pH = 7.20 となる．

c) 塩酸を加えると H^+ の濃度が増えるため，式 (A1) の平衡は左へ移動し，$H_2PO_4^-$ の濃度は増え，逆に HPO_4^{2-} の濃度は減少する．H^+ の物質量が増加した分だけ $H_2PO_4^-$ の物質量は増えるから，その濃度は，

$$[H_2PO_4^-] = \left(1 \times \frac{100}{1000} + 1 \times \frac{5}{1000}\right) \times \frac{1000}{105} \text{ mol dm}^{-3}$$

である．同様に，

$$[HPO_4^{2-}] = \left(1 \times \frac{100}{1000} - 1 \times \frac{5}{1000}\right) \times \frac{1000}{105} \text{ mol dm}^{-3}$$

である．これらの値と K_a の値を式 (A2) に代入すると，

$$\text{pH} = 7.20 - 0.04 = 7.16$$

となる．

解説 NaH_2PO_4 と Na_2HPO_4 が溶解した水溶液に少量の塩酸を加えても溶液の pH がほとんど変化しないことから，この溶液が**緩衝作用**をもつことがわかる．

6・5

a) AgCl の水への溶解は，

$$AgCl(s) \rightleftharpoons Ag^+ + Cl^-$$

と書くことができる．この反応の電位差は，$E° = 0.222 \text{ V} - 0.799 \text{ V} = -0.577 \text{ V}$ であり，1 mol の AgCl の反応で 1 mol の電子が流れるから，標準状態での自由エネルギー変化は，

$$\begin{aligned}\Delta G° &= -nFE° \\ &= -1 \times 9.65 \times 10^4 \text{ C mol}^{-1} \times (-0.577 \text{ V}) \\ &= 55.7 \text{ kJ mol}^{-1}\end{aligned}$$

である．

b) AgCl の水への溶解反応の平衡定数は，

$$K_c = \frac{[Ag^+][Cl^-]}{[AgCl]}$$

であるが，固体の濃度（厳密には活量という物理量を使う）は 1 とおくので，溶解度定数 K_S は，

$$K_S = [Ag^+][Cl^-] = K_c = e^{-\frac{\Delta G°}{RT}} = 1.74 \times 10^{-10}$$

となる．

濃度で表現すると溶解度定数は $\text{mol}^2 \text{ dm}^{-6}$ の単位をもつはずである．より厳密な議論では濃度の代わりに活量を用いる．活量は無次元であり，溶解度定数も無次元になる．

田 中 勝 久
  1961 年 大阪府に生まれる
  1986 年 京都大学大学院工学研究科修士課程 修了
  現 京都大学大学院工学研究科 教授
  専攻 無機材料科学,固体物性化学
  工 学 博 士

齋 藤 勝 裕
  1945 年 新潟県に生まれる
  1974 年 東北大学大学院理学研究科博士課程 修了
  現 名古屋市立大学 特任教授
  名古屋工業大学名誉教授
  専攻 有機物理化学,超分子化学
  理 学 博 士

第 1 版 第 1 刷 2009 年 6 月 20 日 発行

基 礎 物 理 化 学 演 習

Ⓒ 2009

著 者 　田 中 勝 久
　　　　　齋 藤 勝 裕

発 行 者 　小 澤 美 奈 子
発　　行 　株式会社 東京化学同人
東京都文京区千石 3 丁目 36-7(〒112-0011)
電話 03-3946-5311・FAX 03-3946-5316
URL： http://www.tkd-pbl.com/

印 刷 　中央印刷株式会社
製 本 　株式会社松岳社

ISBN978-4-8079-0708-3
Printed in Japan